図 1.4

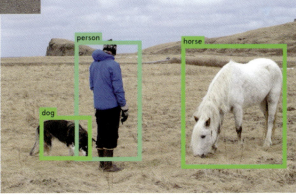
図 5.1

図 5.3

(a) 入力データ

(b) 検出結果

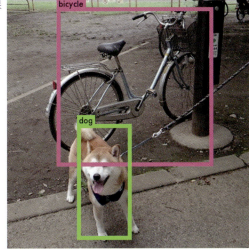

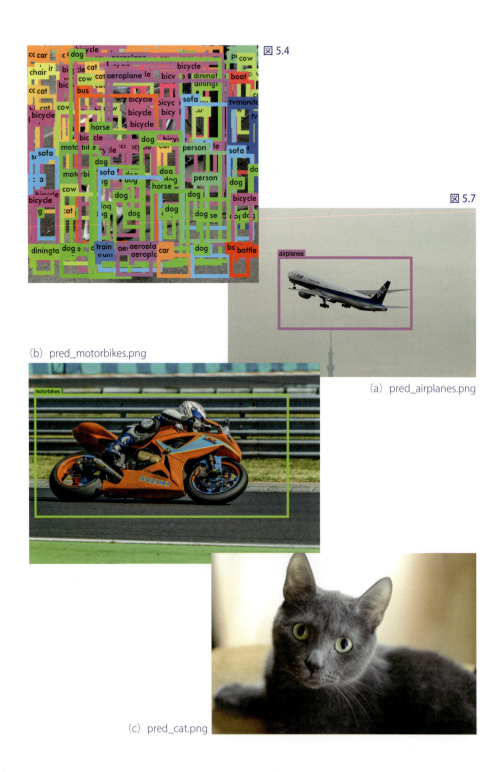

図 5.4

図 5.7

(b) pred_motorbikes.png

(a) pred_airplanes.png

(c) pred_cat.png

図 5.2

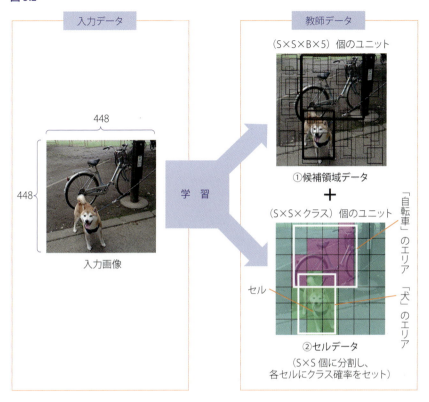

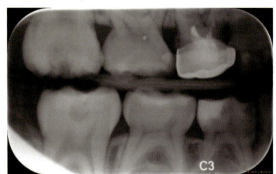

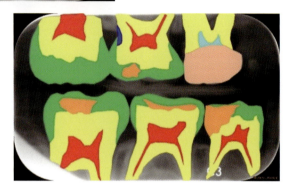

図 5.12

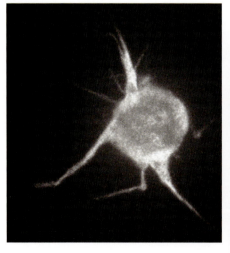
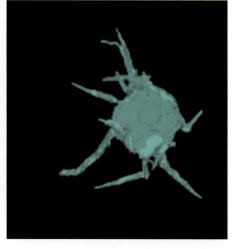

実装 ディープラーニング

[深層学習]
Deep Learning

株式会社フォワードネットワーク [監修]
藤田一弥＋高原 歩 [共著]

Ohmsha

本書に掲載されている会社名・製品名は、一般に各社の登録商標または商標です。

本書を発行するにあたって、内容に誤りのないようできる限りの注意を払いましたが、本書の内容を適用した結果生じたこと、また、適用できなかった結果について、著者、出版社とも一切の責任を負いませんのでご了承ください。

本書は、「著作権法」によって、著作権等の権利が保護されている著作物です。本書の複製権・翻訳権・上映権・譲渡権・公衆送信権（送信可能化権を含む）は著作権者が保有しています。本書の全部または一部につき、無断で転載、複写複製、電子的装置への入力等をされると、著作権等の権利侵害となる場合があります。また、代行業者等の第三者によるスキャンやデジタル化は、たとえ個人や家庭内での利用であっても著作権法上認められておりませんので、ご注意ください。

本書の無断複写は、著作権法上の制限事項を除き、禁じられています。本書の複写複製を希望される場合は、そのつど事前に下記へ連絡して許諾を得てください。

(社)出版者著作権管理機構
(電話 03-3513-6969, FAX 03-3513-6979, e-mail: info@jcopy.or.jp)

JCOPY <(社)出版者著作権管理機構 委託出版物>

はじめに

　車の自動運転。この夢のような話も、数年後には普通のことになっているかもしれません。車の自動運転には、いくつかの高いレベルの技術が必要といわれています。その1つが、正確なセンサーとしての役割を担う画像認識です。もう1つは、人に近い、より高度な推測を可能とする強化学習です。本書はこの2つに焦点を当てて、ディープラーニングを使用したサンプルプログラムを示しながら、より実践的な手法を紹介します。

　ディープラーニングは、諸外国においてはすでに「業務で活用する」「実践する」という段階にあり、米国の世界的な統計競技サイト「Kaggle」でも、画像系のコンペでディープラーニングを使った事例が増えており、そのモデルや推測の精度を競い合っています。

　画像のクラス分類では、1,000層からなるディープラーニングのネットワークも発表されています。最近の主流は、公開されているVGG-16（16層）、ResNet-152（152層）といった学習済みモデル（pre-trained model）を利用し、最後にFine-tuningする方法です。学習済みモデルを利用すると、高い性能を容易に発揮できることが示されています。

　本書では、第4章「画像のクラス分類」で、VGG-16、ResNet-152を具体的にどのように利用するかをサンプルプログラムとともに説明し、第5章「物体検出」では、26層のネットワークを利用したYoloや、医療系画像の物体検出にも有効と思われるU字型の23層ネットワークモデルを紹介します。

　さらに、より高い推測精度を上げる手法についても紹介します。これは2015年3月に行われた、海中のプランクトンを分類するKaggleの競技で優勝した、ゲント大学やGoogle DeepMind社に所属するメンバーの合同チームが採用した方法です。

　本書では、2015年3月に初期リリースされ、その使用方法の簡便さから急速に広まっているディープラーニング用ライブラリKeras（Python）を主に使用しています。Kerasでは、

```
model.fit(X_train, Y_train, nb_epoch=10, batch_size=64, shuffle=True)
```
の 1 行で、順伝播、誤差計算、逆伝播を自動で行うことができます。画像処理系で多用されている畳み込み処理の設定も、

```
conv1 = Convolution2D(32, 3, 3, activation='relu', border_mode='same')(inputs)
```
の 1 行で終わります。この Keras に加えて、すでに世界で標準的に使われている Torch（Lua）、そして日本国内で開発が進められている Chainer（Python）のインストールや使用方法を説明します。第 6 章「強化学習」の事例は Chainer を利用して紹介しています。約 6 分ほどで、三目並べに強いコンピュータが出来上がります。

ディープラーニングではパラメータ計算に行列を利用するため、GPU（Graphics Processing Unit）の使用が事実上必須となります。本書では、ゲーム用パソコンをディープラーニング用機材に転用し、その使用方法についても説明します。

本書は、第 1 章でディープラーニングに必要な機材や OS、ミドルウェアのインストール方法を説明し、第 2 章、第 3 章で、本書で実践するディープラーニングに関わる基本的な用語を解説したあと、第 4 章以降では、ディープラーニングを利用した画像認識や強化学習について、実践的なサンプルプログラムを示しながら説明しています。

第 4 章以降で使用するサンプルプログラムは、オーム社のホームページからダウンロードし、そのまま実行することができます。サンプルプログラムを実際に動かして試すことにより、ディープラーニングの理解をより深め、さらに推測精度を上げるための実践的な手法についても学習することができます。

ディープラーニングというと、理論や数式が難しいというイメージがありますが、恐るるに足らず。まずは手を動かして、実践から始めることを本書は目指しています。

本書の出版にあたりまして、執筆の機会をいただきましたオーム社書籍編集局の皆様に、この場をお借りして御礼申し上げます。

2016 年 11 月

藤田　一弥

高原　歩

目次

はじめに iii

第1章 本書の概要と準備 1
1.1 本書の概要 2
1.1.1 ディープラーニングの成果 2
1.1.2 本書で学習する内容──画像のクラス分類、物体検出、強化学習 ... 4
1.1.3 本書で扱う手法──学習済みモデルの利用 5
1.2 使用するデータセット 7
1.3 使用する機材とソフトウェア 8
1.3.1 使用するフレームワーク 8
1.3.2 GPUの利用 10
1.3.3 使用機材──ゲーム用パソコンを転用 12
1.3.4 OSおよびミドルウェア 13
1.4 ソフトウェアのインストール 15
1.4.1 OSのインストール 15
1.4.2 ミドルウェアのインストール 23
1.5 プログラムのダウンロード 34
1.5.1 ダウンロードファイル 34
1.5.2 ダウンロードファイルの解凍 35

第2章 ネットワークの構成 37
2.1 順伝播型ネットワーク 38
2.1.1 全結合ニューラルネットワーク 39
2.1.2 畳み込みニューラルネットワーク 40
2.2 畳み込みニューラルネットワーク 40
2.2.1 畳み込み層 41
2.2.2 プーリング層 44
2.2.3 アップサンプリング層 45
2.3 本書で使用するネットワークのパターン 45

第 3 章　基本用語 47
3.1　ディープラーニングの処理概要 48
3.2　活性化関数 51
3.3　損失関数 54
3.4　確率的勾配降下法 57
3.4.1　重み更新の計算例 58
3.4.2　モメンタム 63
3.5　誤差逆伝播法 65
3.6　過学習 67
3.6.1　バリデーションデータセットを使ったエポック数の決定 67
3.6.2　正則化 70
3.6.3　ドロップアウト 71
3.7　データ拡張と前処理 72
3.8　学習済みモデル 74
3.9　学習係数の調整 76

第 4 章　画像のクラス分類 81
4.1　概要 82
4.2　共通データの作成 84
4.2.1　画像データセットのダウンロード 85
4.2.2　データの抽出と基本データセットの作成 86
4.2.3　データ拡張と共通データセットの作成 89
4.3　9 層のネットワークでクラス分類 94
4.3.1　ネットワークの概要 94
4.3.2　学習とモデルの作成 95
4.3.3　モデルの読み込みと推測の実行 103
4.3.4　実行例 106
4.4　VGG-16 でクラス分類―16 層の学習済みモデル 114
4.4.1　VGG-16 の概要 114
4.4.2　プログラムの概要 115
4.4.3　実行例 118
4.5　ResNet-152 でクラス分類―152 層の学習済みモデル 122
4.5.1　ResNet の概要 122

4.5.2	実行環境のインストール	125
4.5.3	プログラムの概要	126
4.5.4	実行例	131
4.6	推測精度のさらなる向上	138
4.6.1	概要	138
4.6.2	複数モデルの利用	141
4.6.3	Stacked Generalization	144
4.6.4	Self Training	145

第5章　物体検出 ... 149

5.1	物体の位置を検出─26層のネットワーク	150
5.1.1	物体の位置・大きさ・種類の推測	150
5.1.2	使用するソフトウェアとその特徴	150
5.1.3	実行環境のインストール	153
5.1.4	学習済みモデルを用いて物体検出	154
5.1.5	オブジェクトを学習して物体検出	156
5.2	物体の形状を検出─23層のネットワーク	168
5.2.1	物体の位置・大きさ・形状の推測	168
5.2.2	使用するモデルとその特徴	168
5.2.3	プログラムの概要	172
5.2.4	実行例	178

第6章　強化学習─三目並べに強いコンピュータを育てる ... 185

6.1	強化学習	186
6.1.1	強化学習とは	186
6.1.2	Q学習	186
6.1.3	DQN	192
6.2	基本的な枠組み	194
6.2.1	環境とエージェント	194
6.2.2	処理の概要	196
6.2.3	環境内のルール	197
6.3	実行環境のインストール	198
6.4	Q学習とディープラーニング	201
6.5	実行例	206

付録 211

付録A　Yolo用「オブジェクトの位置情報」の作成方法 212
　A.1　BBox-Label-Tool のインストール 212
　A.2　「オブジェクトの位置情報」の作成 213

付録B　ソースリスト 219

参考文献 260
索　引 263

COLUMN

全結合層と畳み込み層の違い 79
勾配消失問題と ReLU 112
VGG-16 の作成経緯 120
ベイズと半教師あり学習 136

【本書ご利用の際の注意事項】
- 本書のメニュー表示等は、プログラムのバージョン、モニターの解像度等により、お使いの PC とは異なる場合があります。
- 本書の第4章以降で使用するサンプルプログラムは、オーム社ホームページ（http://www.ohmsha.co.jp）にて、圧縮ファイル（zip 形式）で提供しております。ダウンロードしてご利用ください。
- 本ファイルは、本書をお買い求めになった方のみご利用いただけます。本ファイルの著作権は、本書の著作者である、藤田一弥氏、高原歩氏に帰属します。
- 本ファイルを利用したことによる直接あるいは間接的な損害に関して、著作者およびオーム社はいっさいの責任を負いかねます。利用は利用者個人の責任において行ってください。

第1章

本書の概要と準備

　本章では、ディープラーニングの成果や、本書が対象とするディープラーニングの内容と使用するソフトウェアについて説明します。ディープラーニングの実行にはGPUが事実上必須ですが、GPU付きのゲーム用パソコンを転用して、ディープラーニング機を作り上げる方法についても説明します。

1.1 本書の概要

1.1.1 ディープラーニングの成果

ディープラーニング（深層学習）は、機械学習と呼ばれる分野の一手法で、近年大きく注目されています。従来の方法では限界、不可能とされていたことが、このディープラーニングという手法を用いると、高い性能で実現できたからです。

音声認識についてみると、2011 年にディープラーニングを利用した方法が、従来の方法に比べ、エラー率が 20 ～ 30 ポイントも低いことが示されました[†1]。

画像のクラス分類においても、2012 年にディープラーニングを利用した方法が、大変高い性能を発揮しました[†2]。

画像の**クラス分類**とは、1 枚の写真の中に何が映っているかを推測し、写真を自動分類する方法です。例えば、図 1.1 の写真の動物は、ヒョウに自動分類されています[†2]。

図 1.1　画像のクラス分類例

[†1] Frank Seide, Gang Li, Dong Yu: Conversational Speech Transcription Using Context-Dependent Deep Neural Networks, INTERSPEECH 2011, pp.437-440, 2011

[†2] Alex Krizhevsky, Ilya Sutskever, Geoffrey E. Hinton: ImageNet Classification with Deep Convolutional Neural Networks. In Advances in Neural Information Processing Systems (NIPS), pp.1097-1105, 2012

1.1 本書の概要

2010年から始まった、大きなサイズの画像を対象とした、画像のクラス分類の競技会 **ILSVRC** [3] では、毎年その判定精度が向上しています。図1.2 [4] は、ILSVRC での判定エラー率の年度別推移を表しています。

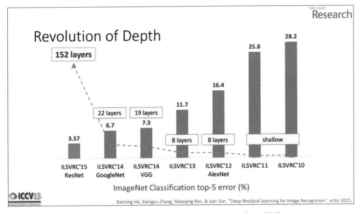

図 1.2　ILSVRC における判定エラー率の推移

2012年から本格的にディープラーニングが用いられ、判定エラー率が25.8%から16.4%へと、一気に9.4ポイントも低くなりました。

2012年の ILSVRC で優勝したモデルは、8層のニューラルネットワークで、**AlexNet** と呼ばれています。ニューラルネットワークの多層化は毎年進み、2014年には、**VGG** と呼ばれる19層のモデルや **GoogLeNet**（22層）が現れ、2015年には、152層の **ResNet** を使用したモデルが、判定エラー率3.57%で優勝しました。この3.57%というエラー率は、人の眼を超えた、ともいわれるほどの精度です。

図1.3は、GoogLeNet のネットワーク構造を表したものです [5]。多層ニューラルネットワークで構成されていることがわかります。

---

[3] The ImageNet Large Scale Visual Recognition Challenge
http://www.image-net.org/challenges/LSVRC/

[4] 出典：Convolutional Neural Networks for Visual Recognition, Lecture7, p.78

[5] 出典：Convolutional Neural Networks for Visual Recognition, Lecture7, p.75

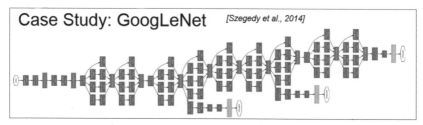

図 1.3　GoogLeNet のネットワーク構造

　ディープラーニングの成果はこれにとどまらず、2016 年 3 月に、韓国のトッププレベルの囲碁棋士に、ディープラーニングを利用した「AlphaGo（アルファ碁）」が勝利しました。AlphaGo は、**強化学習**と呼ばれる手法を取り入れて作成されました。学習が進むにつれ、徐々に賢く、強くなっていきます。

　これらのディープラーニングの成果は、技術的な革新も大きな要因ではありますが、それを支える土壌、すなわち後述する ImageNet のような質の高いデータセットが公開されたことや、GPU の利用など、コンピュータの処理能力の著しい向上があったからこそ、成し得たものと考えられます。

　ディープラーニングではパラメータ計算に行列を利用するため、GPU の使用が事実上必須となります。本書では、ゲーム用パソコンをディープラーニング用機材に転用し、OS やミドルウェアのインストール方法についても説明します。

　本書で一番つまずきやすいのが、実はこのインストールかもしれません。数回インストール手順を確認していますが、パソコンのメーカーや機種、ミドルウェアのバージョンによっては手順どおりにいかない場合もありますので、ご容赦ください。

1.1.2　本書で学習する内容─画像のクラス分類、物体検出、強化学習

　ディープラーニングは、「画像認識」「音声認識」「自然言語処理」などの分野で大きな成果をあげています。本書は、これらの中の「画像認識」に焦点を当てて、サンプルプログラムを示しながら説明します。

　画像認識には、画像のクラス分類、物体検出などがあります。図 1.4 は、写真の中の自転車、犬を自動的に検出し、その検出した位置も示しています。このように、自動的に物体を検出する方法を**物体検出**といいます。物体検出で

は、物体の位置だけではなく、その形状を推測することも可能で、例えば、1枚の胸部レントゲン写真があったときに、癌細胞の位置やその形状を推測することもできます。物体検出については、第5章で紹介します。

図 1.4　自転車や犬を自動検出

　本書では、画像のクラス分類や物体検出に加えて、**強化学習**について、サンプルプログラムを示しながら説明します。三目並べを例に、ディープラーニング＋強化学習の事例を第6章で紹介します。

1.1.3　本書で扱う手法──学習済みモデルの利用

　スタンフォード大学に、高解像度画像の大規模データセットを集める **ImageNet** プロジェクト[†6]が立ち上がり、約 21,000 カテゴリ、約 1,400 万枚の画像が収集されています。

　この ImageNet の中の 1,000 カテゴリの画像を用いて、2010 年から画像をクラス分類する競技会 **ILSVRC** が始まりました。2012 年に優勝した AlexNet は、トロント大学のチームが作成した 8 層のニューラルネットワークのモデルで、従来の方法に比べると驚異的な性能を示しました。

　このとき大きな話題になったのは、AlexNet を他の画像のクラス分類にも適用できないか、ということでした。AlexNet は 8 層のニューラルネットワークで、その内部に膨大な数のパラメータを持っています。トロント大学の精鋭チームが GPU を利用し、約 2 週間をかけて作成した非常に高性能なモデルです。

[†6]　http://www.image-net.org/

これを機に、競技会 ILSVRC で作成された高性能なモデルの構造およびそのパラメータが、オープンソースとして公開されるようになりました。このようなモデルは**学習済みモデル**（pre-trained model）と呼ばれています。学習済みモデルを利用した方法は、高い性能を容易に発揮できることが示されています。

画像のクラス分類では、この学習済みモデルを使った方法が主流となりつつあり、本書では VGG-16、ResNet-152 の学習済みモデルを利用した事例を、第 4 章で説明します。

第 4 章では、推測精度をさらに上げる手法についてもいくつか紹介します。

1 つ目は、**データ拡張**（data augmentation）、**前処理**（pre-processing）と呼ばれる事前処理で、モデルの推測精度を上げるための重要な工程です。

2 つ目は、2015 年 3 月に行われた、海中のプランクトンを分類する **Kaggle**[†7] の競技「National Data Science Bowl」（参加数 1,049 チーム）で優勝した、チーム「Deep Sea」が採用した方法です（図 1.5）。Deep Sea は、ベルギーのゲント大学や Google DeepMind 社に所属するメンバーの合同チームです。

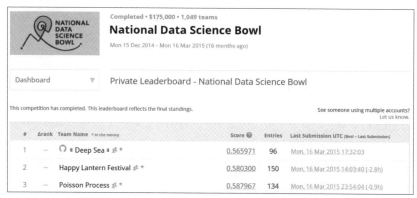

（Kaggle のホームページより抜粋、優勝「Deep Sea」）
図 1.5　National Data Science Bowl の競技結果

Google DeepMind 社はイギリスの人工知能企業で、AlphaGo を開発したことでも有名です。ゲント大学のチームは、MRI 画像から心臓病を診断する Kaggle の競技「Second Annual Data Science Bowl」（2016 年 3 月実施）でも

---

†7　米国の世界的な統計競技サイト　https://www.kaggle.com/

準優勝となり、ディープラーニングを用いた画像解析では世界のトップレベルです。

Deep Sea が採用した、推測精度をさらに上げる手法については、第4章の後半で紹介します。

1.2 使用するデータセット

本書では、カリフォルニア工科大学から提供されている機械学習用画像データセット「Caltech 101」[†8]を使用します（図1.6）。総画像数は 8,677 枚、300 × 200 ピクセル前後のカラー画像で構成されており、画像はアコーディオン、飛行機、いかり、蟻、樽など、101 カテゴリに分類、ラベル付けされています。Caltech 101 のデータ容量は約 130 M バイトです。

図1.6 Caltech 101 のホームページ

本書では、101 カテゴリのうち、画像数が比較的多い6つのカテゴリのデータセットを用いて（表1.1）、画像の6クラス分類を第4章で行います。

---

†8 L. Fei-Fei, R. Fergus and P. Perona. Learning generative visual models from few training examples: an incremental Bayesian approach tested on 101 object categories. IEEE. CVPR 2004, Workshop on Generative-Model Based Vision. 2004
http://www.vision.caltech.edu/Image_Datasets/Caltech101/

表1.1 使用する画像データセット

No.	カテゴリ名	画像数
0	airplanes	800
1	Motorbikes	798
2	Faces_easy	435
3	watch	239
4	Leopards	200
5	bonsai	128
計	—	2,600

　物体検出の事例でも Caltech 101 の画像を利用しています。しかし、物体検出で使用する学習用データは Caltech 101 の中にはないので、学習用データを本書用に独自に作成しました。物体検出用の学習用データは、オーム社のホームページ[†9]からダウンロードして利用することができます。

1.3　使用する機材とソフトウェア

1.3.1　使用するフレームワーク

　表 1.2 は、オープンソースとして利用できるディープラーニング用の主なフレームワークの一覧です。

　本書では、ディープラーニング用のフレームワークとして、Torch、Theano、Chainer を使用します。

　Torch は、ニューヨーク大学や Facebook、Twitter などが利用しているフレームワークで、Lua スクリプトで実行します。柔軟性が高く、有力なフレームワークです。Torch を利用した 152 層のニューラルネットワークを第 4 章で紹介します。

　Theano は 2009 年に公開されました。海外のディープラーニング関連の説明や論文は Theano で紹介されることも多く、Theano も有力なフレームワークの 1 つです。

[†9]　ダウンロード方法については、1.5 節を参照してください。

表1.2 ディープラーニング用のフレームワーク一覧

名　称	作成者	言　語	ホームページなど
Caffe	Berkeley Vision and Learning Center, community contributors	C++, Python	http://caffe.berkeleyvision.org/
Chainer	PFI/PFN	Python	http://chainer.org/
CNTK	Microsoft	C++	https://cntk.ai/
Deeplearning4j	Various; originally Adam Gibson	Java, Scala, C	http://deeplearning4j.org/
MXNet	Distributed (Deep) Machine Learning Community	C++, Python, Julia, Matlab, Go, R, Scala	https://github.com/dmlc/mxnet
TensorFlow	Google Brain team	C++, Python	https://www.tensorflow.org/
Theano	Université de Montréal	Python	https://github.com/Theano/
Torch	Ronan Collobert, Koray Kavukcuoglu, Clement Farabet	C, Lua	http://torch.ch/

　しかしながら、本書では直接 Theano を実行しません。Python ベースのディープラーニング用ライブラリである **Keras**[10] を使用して、Keras の背後で Theano を実行します。Keras は Theano、TensorFlow 用のライブラリで、Keras でプログラムを実行すると、Theano あるいは TensorFlow が実行されます。Keras は 2015 年 3 月に初期リリースされましたが、容易にディープラーニングが実行できる手軽さから、急速に利用者が増えています。

　Chainer は、日本の Preferred Networks（PFN）、Preferred Infrastructure（PFI）で開発が進められているフレームワークです。柔軟性も高く、直観的にプログラムを記述することが可能で、Theano などと比べるとデバッグも非常に容易です。本書では強化学習の事例を、Chainer を利用して説明します。

　ディープラーニングを利用した物体検知では、**R-CNN**（Regions with CNN）が有名ですが、本書では 26 層のニューラルネットワークを利用した **Yolo**[11] を紹介します。Yolo は Darknet というフレームワークを使用しています。検知精度も R-CNN に引けを取りません。

　本書では、これらのフレームワークを使った実践的なサンプルプログラムを、部分的に表示し解説をしていますが、オーム社のホームページからサンプ

---

[10] http://keras.io/
[11] http://pjreddie.com/darknet/yolo/

ルプログラムをすべてダウンロードし、そのまま実行することができます。

表 1.3 は、本書で使用するフレームワーク（ライブラリ）とそのバージョンの一覧です。

表 1.3　使用するフレームワーク（ライブラリ）

フレームワーク（ライブラリ）	バージョン
Keras	1.0.8
Theano	0.8.2
Torch	7
Chainer	1.16.0
Darknet	2

1.3.2　GPU の利用

CPU（Central Processing Unit）は、高度で複雑な演算には適しているものの、単純で膨大な計算処理には適さないといわれています。一方、**GPU**（Graphics Processing Unit）は、複雑な処理は苦手ですが、一度に大量に単純計算を行う場合は、圧倒的な速度を得ることができます。

GPU は、パソコンのグラフィックボードに搭載されている三次元グラフィックスの計算処理を行うプロセッサですが、このプロセッサは他の用途にも利用されています。その 1 つがディープラーニングの行列計算です。ディープラーニングでは、モデルの学習や結果を推測するために、膨大な量の行列計算を行います。GPU を使用すると、学習時は 10 〜 30 倍、推測時は 5 〜 10 倍程度の速度を得ることができるといわれています。

実際のディープラーニングの学習では、モデルが数十パターン、1 つのモデルの学習に、GPU を利用しても 10 時間以上かかるような場合もあるため、ディープラーニングの実行には GPU の利用が必須といえるでしょう。

本書では、NVIDIA 社製の GPU を使用します。表 1.4 は、NVIDIA 社が国内で提供している GPU 製品の一部です。本書で利用する GPU は「GeForce GTX 1070」です。ディープラーニングで GPU を使用する場合、GPU のメモリ容量が計算速度に影響を与えますが、GTX 1070 は 8G バイトのメモリを持ち、価格も手頃です。

NVIDIA 社製の GPU には、ゲーム機用の GeForce、業務利用を目的とした Tesla などがあります。ゲーム機のグラフィックス表示は、主に単精度浮動小

1.3 使用する機材とソフトウェア

表 1.4 NVIDIA 社製 GPU 一覧

名　称	シェーダ プロセッサ数	メモリ 容量	TDP (熱設計電力)	IF	外部 電源	発売時期	市場価格 (税抜)
GeForce GTX 1060	1,280	6G バイト	120W	PCIe3.0	要	2016 年 7 月	33,000 円～
GeForce GTX 1070	1,920	8G バイト	150W	PCIe3.0	要	2016 年 6 月	57,500 円～
GeForce GTX 1080	2,560	8G バイト	180W	PCIe3.0	要	2016 年 5 月	90,000 円～
GeForce GTX 750Ti	640	2G バイト	60W	PCIe3.0	不要	2014 年 2 月	11,000 円～

※市場価格は 2016 年 8 月現在の価格

数点演算（以下、単精度）を多用するので、GeForce は単精度を得意とするGPU です。一方、Tesla は単精度、倍精度の両方が得意な GPU です。一般的にディープラーニングの演算精度は単精度で十分といわれています。本書で示すプログラムも、すべて単精度で計算しています。

参考に、「GeForce GTX 750 Ti」も表 1.4 に掲載しました。GTX 750 Ti はメモリ容量が 2G バイトと少なめですが、外部電源が不要で、マザーボードにセットするだけでよいので、手軽に GPU の効果を試すことができます。

図 1.7　NVIDIA 社製 GPU 外観

図 1.7 のように、GTX 1070 はかなりサイズが大きく、外部電源を供給できるタワー型のデスクトップパソコンが必要です。

1.3.3 使用機材—ゲーム用パソコンを転用

パソコンを 2 台使用します。1 台は GPU 付きのゲーム用パソコンを転用したディープラーニング機、もう 1 台は Windows OS を搭載した Windows PC です。

(1) ディープラーニング機

本書では、ゲーム用パソコンをディープラーニング機として使用しています。表 1.5 は、本書で使用したディープラーニング機の機材構成です。

表 1.5　ディープラーニング機の機材構成

名　称	構　成	カスタマイズ
マザーボード	インテル H170 チップセット ATX（映像出力端子付）	
メモリ	32G バイト（DR4 SDRAM　16GB×2）	8G バイトから 32G バイトへ変更
電源	700W	500W から 700W へ変更
CPU	インテル Core i7-6700	
SSD	250G バイト	
ハードディスク	1T バイト（SATA3）	
光学ドライブ	DVD スーパーマルチドライブ	
グラフィックス機能（GPU）	NVIDIA GeForce GTX1070 8G バイト	
LAN	ギガビット LAN ポート（オンボード）	
OS	Windows 10 Home 64bit（プレインストール）	

ゲーム用パソコンは、パソコンの通販サイトで購入しました。メモリと電源をカスタマイズしていますが、購入金額は約 18 万円（税抜）です[12]。

一般的なゲーム用パソコンなので、Windows OS がプレインストールされています。今回購入したパソコンは、SSD 上に Windows OS がプレインストールされていました。この SSD を取り外し、付属していたハードディスクに Linux OS（Ubuntu）をインストールし、ディープラーニング機として使用しました。ハードディスクに Windows OS などがプレインストールされている場合は、新しいハードディスクを準備し、ハードディスクを新しいハードディスクに入れ替えて、Linux OS をインストールしたほうがよいかもしれません。ハードディスクの容量は 1 テラバイト以上をお勧めします。

---

[12] 2016 年 7 月購入時の価格。

メモリは 32G バイトに増設しました。ディープラーニング実行時、読み込んだデータをいったん実数化しますが、このときメモリ使用量が急増します。これに備えるため、パソコンのメモリは多めに搭載しています。電源は 500W でも十分ですが、700W に増設しました[†13]。

ゲーム用パソコンに付属していたキーボード、マウス、DVD ドライブはディープラーニング機でもそのまま利用します。ディスプレイ出力は、GPU の映像出力端子を使用しています。ミドルウェアのインストールのためにインターネットに接続するので、インターネット接続環境が必須となります。ゲーム用パソコンの状態で、インターネットの利用ができるか事前に確認することをお勧めします。

このディープラーニング機が 1 台あれば、ディープラーニングのさまざまなモデルを試すことができます。

(2) Windows PC

Windows OS を搭載した、DVD ドライブが付属している Windows PC を使用します。Windows PC は、インストール用 Linux OS（Ubuntu）のダウンロードや、DVD-R などへの書き込みに使用します。Windows PC もインターネットに接続できる環境が必要です。

1.3.4 OS およびミドルウェア

本書で利用する OS、主要なミドルウェアとそのバージョンは以下のとおりです。

OS

○ Ubuntu Desktop 14.04.5 LTS

　　http://www.ubuntu.com/desktop

ミドルウェア

① CUDA Toolkit 8.0

　　https://developer.nvidia.com/cuda-toolkit

② cuDNN v5.1

　　https://developer.nvidia.com/cudnn

[†13] パソコンのメモリやハードディスクの容量は、ディープラーニングで使用するモデルやデータ量に応じて増設する必要があります。

③ Anaconda 4.2.0

https://www.continuum.io/why-anaconda

ソフトウェアの概要は以下のとおりです。

(1) Ubuntu Desktop

本書では OS に **Ubuntu** を使用します。これは、多くのディープラーニング用フレームワークが Ubuntu に対応していることが大きな理由です。

Ubuntu には次の機能バージョンがあります。

① Ubuntu Desktop

② Ubuntu Server

本書では、OS に Ubuntu Desktop をインストールして使用します。

(2) CUDA（Compute Unified Device Architecture）Toolkit

CUDA Toolkit（**CUDA**）は NVIDIA 社が開発している、GPU を利用した演算を可能にするツールです。CUDA を使用し、プログラム内の演算を GPU 上で行うことで、計算処理を高速化できます。

(3) cuDNN（CUDA Deep Neural Network library）

cuDNN は、ディープラーニング用のライブラリです。CUDA 同様、NVIDIA 社が開発を行っています。このライブラリを利用することで、GPU 演算の速度をさらに向上させることができます。

(4) Anaconda

Anaconda は、Python ベースのフレームワークを使う場合に有用なツールです。Python ベースのフレームワークを複数利用する場合、バージョンが競合することがあります。これを解決するのが Anaconda です。パッケージのインストールもスムーズに進めることができるようになります。

1.4 ソフトウェアのインストール

1.4.1 OS のインストール

さて、いよいよインストールに入ります。ここでは Ubuntu Desktop を単に Ubuntu と呼んでいます。

機材構成については、1.3.3 項「使用機材」を参照してください。ディープラーニング機、Windows PC と、DVD-R を 1 枚準備しておきます。

(1) Windows PC でインストール用メディアを作成

初めに、次の手順で Ubuntu のインストール用メディア（DVD-R）を作成します。

① ISO イメージファイルのダウンロード

Windows PC のブラウザで、以下のサイトにアクセスします。

http://releases.ubuntu.com/14.04/

「64-bit PC (AMD64) desktop image」をクリックし、ISO イメージファイルをダウンロードします。ダウンロードしたファイルは次のような名称です。

ubuntu-14.04.5-desktop-amd64.iso

ダウンロードしたファイルは、「Ubuntu Desktop 14.04.5 LTS」をインストールするための ISO イメージファイルです。データサイズは約 1G バイトです。

② ISO イメージファイルの書き込み

Windows PC を使用し、DVD-R にダウンロードした ISO イメージファイルを書き込みます。ISO イメージファイルを右クリックし、「ディスクイメージの書き込み」メニューを選択すると、DVD-R に書き込むことができます[†14]。

[†14] 「ディスクイメージの書き込み」メニューが表示されない場合は、ISO イメージファイルを C ドライブ直下 (C:¥) にコピーしたあと、Windows のコマンドプロンプト画面を開き、次のコマンドを入力すると、書き込みツールが起動します。
　　isoburn.exe C:¥ubuntu-14.04.5-desktop-amd64.iso

(2) ディープラーニング機に Ubuntu をインストール

ディープラーニング機の電源を入れる前に、ディスプレイを GPU の映像出力端子に接続し、ディスプレイの電源を入れます。

ディープラーニング機を起動し、DVD-R を挿入してから再起動します。

正常に起動すると、図 1.8 のいずれかのインストール初期画面がディスプレ

(a) BIOS

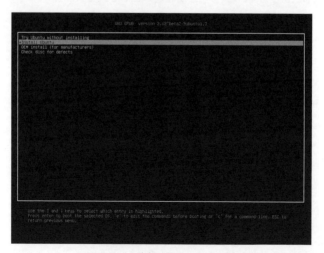

(b) UEFI

図 1.8　インストール初期画面

イに表示されます。画面表示の違いは、マザーボードのファームウェアの違い（BIOS あるいは UEFI）によるものです。

図 1.8 のインストール初期画面が表示されない場合、次のような対応で解決できる場合があります。

- 起動順位の調整

 ディープラーニング機を再起動し、マザーボードのメーカーのロゴが表示されているときに、画面下部に書かれた指定のキーを押します†15。設定画面が表示されたら、起動順位の最上位の位置に DVD ドライブを設定し、変更内容を保存します。

図 1.8 のインストール初期画面に、BIOS、UEFI のどちらの画面が表示されているかで、最初のインストール手順が異なります。以下に、BIOS、UEFI のそれぞれの手順を説明します。

- BIOS の場合

 「日本語」を選択して、「Ubuntu をインストール」ボタンを押します。

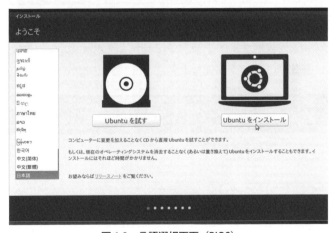

図 1.9　言語選択画面（BIOS）

- UEFI の場合

 「Install Ubuntu」にカーソルを合わせて Enter キーを押します。

---

†15　設定方法はマザーボードによって異なります。詳しくは説明書などを参照してください。

```
Try Ubuntu without installing
*Install Ubuntu
OEM install (for manufacturers)
Check disc for defects
```

図1.10 インストール選択画面

しばらくすると、言語選択画面が表示されます。「日本語」を選択して、「続ける」ボタンを押します。

図1.11 言語選択画面（UEFI）

図1.12の画面が表示されたら、2つあるチェックボックスの両方にチェックを付けて、「続ける」ボタンを押します。

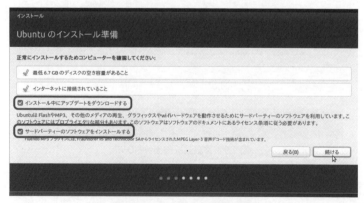

図1.12 インストール準備画面

1.4 ソフトウェアのインストール

コンピュータにOSがインストールされていない場合は、図1.13の画面が表示されます。すでに他のOSがインストールされている場合は、図1.13とは異なる画面が表示されます。他のOSがインストールされている場合、既存OSが削除されてしまうので注意しましょう。「インストール」ボタンを押します。

図 1.13　インストール種類選択画面

図1.14の画面では、「続ける」ボタンを押して次に進みます。

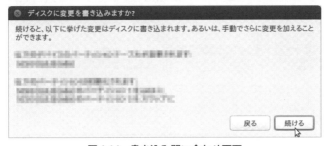

図 1.14　書き込み問い合わせ画面

タイムゾーンは「Tokyo」とし、「続ける」ボタンを押します（図1.15）。

図1.15　地域選択画面

キーボードレイアウトはお好みでかまいません。キーボードを選択し、「続ける」ボタンを押します（図1.16）。

図1.16　キーボードレイアウト選択画面

1.4 ソフトウェアのインストール

ユーザー情報を登録します（図1.17）。各情報を入力し、「続ける」ボタンを押すと、インストールが開始されます。ここで設定するユーザー名とパスワードは、コンピュータにログインするときに使用します。ここではユーザー名を「taro」としています。

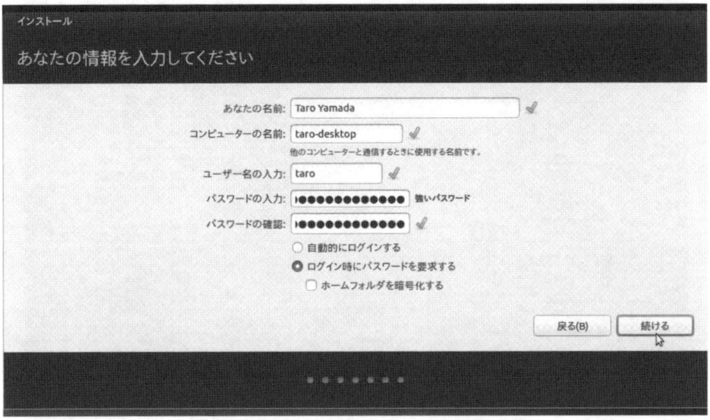

図1.17　ユーザー情報入力画面

図1.18の画面が表示されると、インストール作業は「ほぼ」完了です。「今すぐ再起動する」ボタンを押し、コンピュータを再起動します。トレイが開いたら、DVD-Rを取り出してトレイを閉じ、Enterキーを押します。

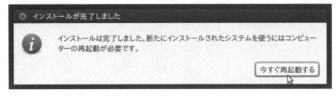

図1.18　インストール完了画面

再起動後、図 1.19 の「ログイン画面」が表示されたら、インストールは完了です。

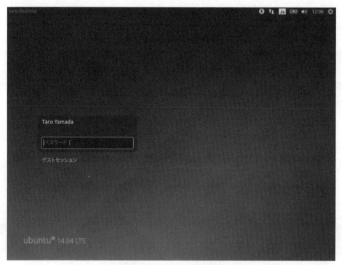

図 1.19　ログイン画面

(3) ツールのアップデートと基本ディレクトリの作成

図 1.19 のログイン画面に、ログインパスワードを入力しログインします。ここで「アップグレードが利用可能です」というダイアログボックスが表示されても、アップグレードは行わないでください。本書では、ユーザー名「taro」でログインしています。

ログイン後は「端末」ツールを利用し、各種設定を行います。図 1.20 の画面左上のアイコンをクリックし（①）、文字「端末」を入力し検索して（②）、「端末」をクリックします（③）。「端末」は Windows のコマンドプロンプトにあたる機能で、「ターミナル」とも呼ばれています。

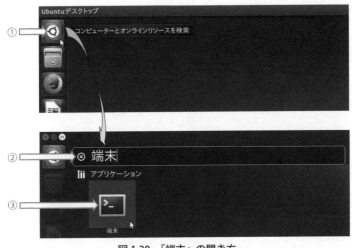

図 1.20　「端末」の開き方

　「端末」が起動したら、「端末」上で以下のコマンドを実行します。ここでは、ツールのアップデートを実行し、基本ディレクトリ[†16]を作成しています。

```
taro@taro-desktop:~$ sudo apt-get update
taro@taro-desktop:~$ sudo apt-get dist-upgrade
taro@taro-desktop:~$ mkdir archives    # 圧縮ファイル置き場
taro@taro-desktop:~$ mkdir data        # データ置き場
taro@taro-desktop:~$ mkdir libraries   # ライブラリ置き場
taro@taro-desktop:~$ mkdir packages    # debファイル置き場
taro@taro-desktop:~$ mkdir scripts     # スクリプト置き場
```

1.4.2　ミドルウェアのインストール

　端末には、次のようにユーザー名（taro）とコンピュータ名（taro-desktop）付きのプロンプトが表示されます。

```
taro@taro-desktop:~$
```

　本書では、ユーザー名とコンピュータ名を省略し、次のようにプロンプトの

[†16]　基本ディレクトリは、ユーザー名「taro」のホームディレクトリ（/home/taro/）の配下に作成します。

表示を記載する場合があります。

```
$
```

また、紙面の都合上、コマンドが1行に納まらない場合があります。その場合、次のように \ 記号を用いて[17]、コマンドを複数行に記述しています。

```
$ mkdir \
tmp
```

(1) CUDA のインストール
① CUDA のインストール準備

GPU が OS に認識されているかを確認します。

```
$ lspci | grep -i nvidia
```

「VGA compatible controller」で始まる行が表示されていれば問題ありません。

次に gcc コンパイラがインストールされているかを確認します[18]。

```
$ gcc -v
```

「次の操作を試してください」と表示される場合は、次のように gcc コンパイラのインストールが必要です。

```
$ sudo apt-get install gcc
```

さらに、カーネルヘッダをインストールします。

```
$ sudo apt-get install linux-headers-$(uname -r)
```

以上で準備は完了です。

---

[17] \ 記号は、キーボードの「¥」キーで入力することができます。
[18] 本書で使用した gcc のバージョンは 4.8.4 です。

② CUDA のダウンロード

CUDA をダウンロードするために、ディープラーニング機のブラウザ Firefox で、以下のサイトを開きます[19]。

https://developer.nvidia.com/cuda-toolkit

ここでは、Pascal Architecture 対応の「CUDA Toolkit 8」をダウンロードします（図 1.21）。

図 1.21　CUDA ダウンロード画面

「CUDA Toolkit 8」は「GeForce GTX 750 Ti」にも対応しています。図 1.22 は「DOWNLOAD」ボタンをクリックした後のプラットフォーム選択画面です。初めに「Linux」を選択すると、順に選択肢が開いていきます。図 1.22 の四角枠のように選択していきます。

---

[19] CUDA は徐々にバージョンアップされています。本書で使用している「CUDA Toolkit 8」は、https://developer.nvidia.com/cuda-toolkit-archive からダウンロードすることができます。

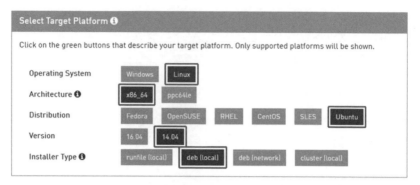

図1.22　プラットフォームの選択

「Base Installer」の「Download」ボタンをクリックして、ファイル（約1.8Gバイト）をダウンロードし保存します。ファイルは「~/ダウンロード/」ディレクトリに保存されます。ダウンロードしたファイルは次のような名称です。

```
cuda-repo-ubuntu1404-8-0-local-ga2_8.0.61-1_amd64.deb
```

③ CUDAのインストール

次のようにCUDAをインストールします[20]。記号「~」は、ユーザー「taro」のホームディレクトリ（/home/taro）を表しています。

```
$ mv ~/ダウンロード/cuda-repo-ubuntu1404-8-0-local_8.0.44-1_amd64.deb  ~/packages/
$ sudo dpkg -i ~/packages/cuda-repo-ubuntu1404-8-0-local_8.0.44-1_amd64.deb
$ sudo apt-get update
$ sudo apt-get install cuda
```

CUDAが正常にインストールされたかをnvidia-smiコマンドで確認します。

```
$ nvidia-smi
```

正常にインストールされている場合、図1.23のようにGeForce GTX 1070の稼働状況が画面に表示されます。

---

[20] 「ダウンロード」などのかな入力は、キーボードの「半角／全角」キーで、かな入力に切り替えて入力することができます。

図 1.23　nvidia-smi コマンド実行画面

④環境変数の追加

次のように環境変数にパスを追加します。

```
$ cp ~/.bashrc ~/.bashrc.original
$ chmod a-w ~/.bashrc.original
$ echo 'export PATH=/usr/local/cuda/bin${PATH:+:${PATH}}' >> ~/.bashrc
$ source ~/.bashrc
```

(2) cuDNN のインストール
①会員登録

cuDNN のダウンロードには Accelerated Computing Developer Program への会員登録が必要になります。ディープラーニング機のブラウザ Firefox で、以下のサイトを開き会員登録を行います。

https://developer.nvidia.com/accelerated-computing-developer

「Join now」ボタンをクリックしたあと、情報入力フォームに記入して「Next」ボタンをクリックします。図 1.24、図 1.25 は入力フォームの記入例です。

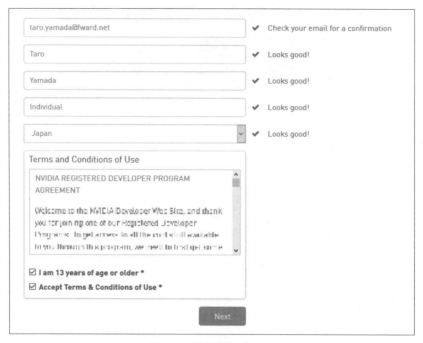

図 1.24 基本情報の記入例

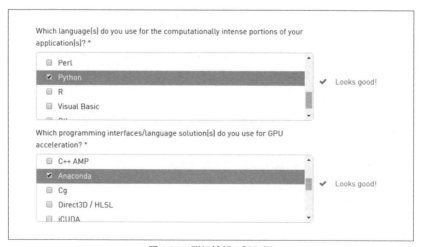

図 1.25 詳細情報の記入例

図1.25 詳細情報の記入例（つづき）

これで会員登録申請は終了です（登録はまだ完了していません）。

しばらくすると、登録したメールアドレスに認証メールが届きます。メール本文のリンクをクリックして、認証を済ませましょう。認証完了画面に表示される「Set my password」ボタンをクリックし、パスワードを設定したら登録完了です。パスワードは、cuDNN をダウンロードするためのログインで使用します。

② cuDNN のダウンロード

cuDNN をダウンロードするために、ディープラーニング機のブラウザ Firefox で、以下のサイトを開きます。

https://developer.nvidia.com/rdp/form/cudnn-download-survey

ログイン後、アンケート入力フォームに必要事項を設定し、「Proceed To Downloads」ボタンをクリックします。図 1.26 は入力フォームの記入例です。

図 1.26　アンケート入力フォームの記入例

規約に同意すると、ダウンロード可能な cuDNN のバージョンリストが画面に表示されます。「Download cuDNN v5.1, for CUDA 8.0」をクリックして詳細リストを表示し、「cuDNN v5.1 Library for Linux」をダウンロードします。

ダウンロードしたファイルは次のような名称です。

```
cudnn-8.0-linux-x64-v5.1.tgz
```

③ cuDNN のインストール

次のように cuDNN をインストールします。

```
$ mv ~/ダウンロード/cudnn-8.0-linux-x64-v5.1.tgz ~/archives/
$ tar xvzf ~/archives/cudnn-8.0-linux-x64-v5.1.tgz -C ~/libraries/
$ sudo cp ~/libraries/cuda/include/cudnn.h /usr/local/cuda/include/
$ sudo cp ~/libraries/cuda/lib64/libcudnn* /usr/local/cuda/lib64/
$ sudo chmod a+r /usr/local/cuda/include/cudnn.h /usr/local/cuda/lib64/libcudnn*
```

（3） Anaconda のインストール

①インストールスクリプトのダウンロード

ディープラーニング機のブラウザ Firefox で、以下のサイトを開きます[21]。

https://www.continuum.io/downloads

「Download for Linux」タブを開き、Python 2.7 version の「64-BIT INSTALLER」をクリックし、Anaconda のインストールスクリプトをダウンロードします。ダウンロードしたファイルは次のような名称です。

```
Anaconda2-4.2.0-Linux-x86_64.sh
```

② Anaconda のインストール

次のようにインストールスクリプトを実行します。

```
$ mv ~/ダウンロード/Anaconda2-4.2.0-Linux-x86_64.sh ~/scripts/
$ bash ~/scripts/Anaconda2-4.2.0-Linux-x86_64.sh
```

インストールスクリプトを実行すると、次のようにライセンス条項への同意確認がありますので、yes と入力します。入力例を太字テキストで表しています。

---

[21] Anaconda は徐々にバージョンアップされています。本書で使用している Anaconda 2-4.2.0-Linux-x86_64.sh は、https://repo.continuum.io/archive/ からダウンロードすることができます。

```
Do you approve the license terms? [yes|no]
>>> yes
```

次にインストール場所の問い合わせがあります。ここでは、次のディレクトリにインストールします。

```
/home/taro/libraries/anaconda2
```

```
[/home/taro/anaconda2] >>> /home/taro/libraries/anaconda2
```

インストールしたディレクトリを bash 環境に追加します。次のように、yes と入力します。

```
Do you wish the installer to prepend the Anaconda2 install location
to PATH in your /home/taro/.bashrc ? [yes|no]
[no] >>> yes
```

インストールスクリプトが終了したら、次のコマンドを実行します。

```
$ source ~/.bashrc
```

③テスト

Anaconda を実際に使ってみましょう。初めに test という名前の環境を作成してみます。

```
taro@taro-desktop:~$ conda create --name test python=2.7
```

コマンドに python=2.7 を付け加えることで、Python のバージョンを指定することができます。

作成した Anaconda の環境 test に入るには、

```
taro@taro-desktop:~$ source activate test
```

と入力します。実行の結果、プロンプト表示が、

```
(test)taro@taro-desktop:~$
```

に変わることを確認してください。環境名 test がユーザー名の左側に加わります。
　Anaconda の環境 test から抜けるには、

```
(test)taro@taro-desktop:~$ source deactivate
```

と入力します。実行の結果、プロンプト表示が、

```
taro@taro-desktop:~$
```

と元に戻ることを確認してください。
　次に、環境 test に入っていない状態で、

```
taro@taro-desktop:~$ which python
```

とし、python のフルパスを表示してみます。環境 test に入り、

```
(test)taro@taro-desktop:~$ which python
```

とするとどうなるでしょうか。python のフルパスが異なっていれば正常です。
　Anaconda の環境 test を削除するには、

```
taro@taro-desktop:~$ conda remove --name test --all
```

と入力します。以上で Anaconda のインストールは終了です。
　最後に、次章以降で使用する環境 main を作成します。

```
taro@taro-desktop:~$ conda create --name main python=2.7
```

1.5 プログラムのダウンロード

本書で使用するプログラムや、本書用に作成した画像データなどは、オーム社のホームページからダウンロードして、そのまま使用することができます。ここでは、ダウンロードおよび解凍方法について説明します。ダウンロードしたプログラムは第4章以降で利用します。

本書では、これらのプログラムを実行し、その結果を記載していますが、使用するコンピュータやライブラリのバージョンなどにより、実行結果が記載の内容とは異なる場合があります。また、本書で示すプログラムについては、プログラム全体は記載せず、プログラムの一部を抜粋する形で説明しています。プログラムの全体像や詳細については、付録Bやダウンロードしたプログラムを参照してください。

本書で示したプログラムやデータの中には、参照した資料、プログラム、データがあります。このようなプログラムやデータのライセンスは、参照元のライセンス規約に準じます。それ以外についてはBSDライセンスとして提供します。

1.5.1 ダウンロードファイル

ディープラーニング機のブラウザ Firefox を使用して、オーム社のホームページ（http://www.ohmsha.co.jp）の［書籍連動／ダウンロードサービス］「実装ディープラーニング」（本書の名称）から、プログラムやデータをダウンロードします。ダウンロードのサイトには、次の5つのダウンロードファイルがあります。

- 5.1節「物体の位置を検出」を除いた全体プログラム
  ① `projects.tar.gz`
- 5.1節「物体の位置を検出」用のプログラムと使用データ
  ① `darknet_train.tar.gz`（プログラム）
  ② `darknet_test.tar.gz`（プログラム）
  ③ `yolo.weights`（学習済みモデルデータ、約750Mバイト）
  ④ `extraction.conv.weights`（初期設定モデルデータ、約45Mバイト）

ここでは、projects.tar.gz ファイルのみをダウンロードします。他の 4 つのファイルは容量が大きいため、5.1 節「物体の位置を検出」を学習時に、必要に応じてダウンロードしてください。

本書では、上記以外に次のようなデータを公開サイトからダウンロードして使用します。これらのデータは該当する章や節でダウンロードします。

① Caltech 101 の画像データセット（第 4 章以降で使用）
　101_ObjectCategories.tar.gz（約 130M バイト）
② VGG-16 用学習済みモデル（4.4 節で使用）
　vgg16_weights.h5（約 530M バイト）
③ ResNet-152 用学習済みモデル（4.5 節で使用）
　resnet-152.t7（約 460M バイト）

1.5.2 ダウンロードファイルの解凍

projects.tar.gz ファイルは、~/ ダウンロード / ディレクトリに保存されます。ダウンロード後、次のコマンドを実行し、ダウンロードデータの移動と解凍を行います。

```
$ mv ~/ダウンロード/projects.tar.gz  ~/archives/
$ cd ~/archives/
$ tar zxvf projects.tar.gz -C ~/
```

解凍が正常に行われると、~/projects ディレクトリが作成され、~/projects ディレクトリの配下に、各章で使用するプログラムや画像データ、サブディレクトリが解凍されます。表 1.6 は解凍後のサブディレクトリおよびプログラム構成です。

サブディレクトリ 5-1、6-3 のデータやプログラムは、該当する章の学習時にダウンロードします。

表1.6 解凍後のディレクトリおよびプログラム構成

サブディレクトリ名	言語	フレームワーク	使用する主なプログラム名	備考
4-2	Python	—	migration_data_caltech101.py	Caltech 101から6クラスのデータを抽出
			data_augmentation.py	データ拡張
4-3	Python	Keras	9_Layer_CNN.py	9層のニューラルネットワークを作成
4-4			VGG_16.py	VGG-16を使用（16層）
4-5	Lua	Torch	main.lua opts.lua dataloader.lua datasets/caltech101-gen.lua datasets/caltech101.lua models/init.lua average_outputs.py （その他）	ResNet-152を使用（152層） （本書のプログラムの参考にしたサイト） https://github.com/facebook/fb.resnet.torch
4-6	Python	Keras	multiple_model.py average_3models.py make_pseudo_label.py pseudo_model.py	9層のニューラルネットワークを使用 ・モデル平均 ・Stacked Generalization ・疑似ラベル
5-1			(5.1節でダウンロード)	26層のニューラルネットワークを使用 物体の位置・大きさ・種類の推測
5-2	Python	Keras	copy_imgs.py data_augmentation-2.py fcn.py image_ext.py resize_outputs.py	23層のU字型ネットワークを使用 物体の形状を推測
6-3			(6.3節でダウンロード)	第6章で使用するツールなどの格納場所
6-5	Python	Chainer	agent.py environment.py experiment.py	3層のニューラルネットワークを使用 強化学習 Deep Q Network（DQN）

※ベースディレクトリは /home/taro/projects です。サブディレクトリ名は、節番号に対応しています。

第2章
ネットワークの構成

本章では、画像認識分野で利用されているネットワークや層の基本構造について説明します。

2.1 順伝播型ネットワーク

図 2.1 は、ディープラーニングで基本となる**順伝播型（ニューラル）ネットワーク**（Feedforward Neural Network, FFNN）[†1] の構造を表しています。

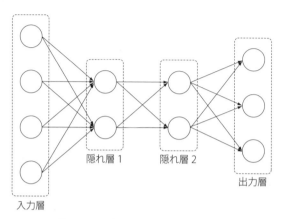

図 2.1　順伝播型ネットワーク（3 層）

順伝播型ネットワークは、**入力層**（input layer）、**隠れ層**（hidden layer）、**出力層**（output layer）の 3 種類の層からなり、情報が入力層から出力層に一方向にのみ伝播するニューラルネットワークです[†2]。隠れ層は複数持つことができます。図 2.1 の例では、入力層は 4 個の**ユニット**を持ち、隠れ層 1 は 2 個、隠れ層 2 も 2 個、出力層は 3 個のユニットを持っています。入力層は層の数に含めないので、図 2.1 は 3 層となります。

各ユニットをつなぐ、一つひとつの矢印は、前方のユニットから後方のユニットへの関数を表しており、この関数のパラメータを**重み**（weight）と呼びます。

ディープラーニングの**学習**あるいは**トレーニング**とは、関数のパラメータの値、適切な重みを求めることであり、**推測**とは、学習で求めた重みを用いて、入力層のデータから出力層の値を算出することです。

200 × 200 ピクセルの白黒画像が入力データの場合、入力層のユニット数は 40,000 にもなります。加えて、層の数が多くなれば、順伝播型ネットワーク内

[†1] **多層パーセプトロン**（Multi-Layer Perceptron）とも呼びます。
[†2] 入力層側から出力層側へ情報を伝えていくことを**順伝播**といいます。

の関数は膨大な数になります。ディープラーニングは、膨大な数の関数のパラメータの値を、大量のデータから、効率的にかつ適切に求める手法であるといえます。

本書で主に使用する順伝播型ネットワークは、次の全結合ニューラルネットワークと畳み込みニューラルネットワークの2種類です。

2.1.1 全結合ニューラルネットワーク

全結合ニューラルネットワーク（Fully-Connected NN）は、最も基本的なニューラルネットワークで、単に**全結合**とも呼ばれています。

全結合は、隣接する層の、すべてのユニット同士が結合されている順伝播型ネットワークで、図2.1のような形をしています。ユニット同士は一次多項式で結合されています。

$$（例）\quad y = a_1 x_1 + a_2 x_2 + a_3 x_3 + b$$
$$x_1 \sim x_3：各ユニットの値$$
$$a_1 \sim a_3, b：パラメータ（重み）$$

全結合の各層は、**全結合層**（fully-connected layer, **fc**）と呼ばれており、図2.1では3つの全結合層があります。

当初は、この全結合によるディープラーニングが一般的でした。小さなサイズ（28×28ピクセル）の手書き数字のデータセット **MNIST**[†3] を使用したクラス分類では、この全結合ニューラルネットワークを用いて十分に高い精度を得ることができました。図2.2はMNISTの画像データ例で、この画像は「4」にクラス分類されます。

図2.2 MNISTの画像データ例

[†3] http://yann.lecun.com/exdb/mnist/

2.1.2 畳み込みニューラルネットワーク

畳み込みニューラルネットワーク（Convolutional Neural Network, **CNN**）は、出力層側のユニットが、隣接する入力層側の特定のユニットに結合されている順伝播型ネットワークです。CNNは**畳み込み層**（convolutional layer, conv）、**プーリング層**（pooling layer）という特殊な層を内部に持ちます。CNNの構造については、2.2節で述べます。

CNNは画像認識に応用されています。MNISTなどの小さな白黒画像では、その効果がわからず、あまり注目されませんでしたが、高解像度のImageNetのデータセットを使った競技ILSVRCで、2012年にCNNを利用したAlexNetが優勝し、その高い性能が示されました。翌年からは、ほぼすべてのチームがCNNを採用し、画像認識の推測精度をさらに向上させています。

2.2 畳み込みニューラルネットワーク

畳み込みニューラルネットワークは、入力層、畳み込み層、プーリング層、全結合層、出力層から構成されています。

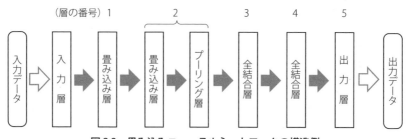

図 2.3　畳み込みニューラルネットワークの構造例

図2.3はCNNの構造例です。プーリング層は畳み込み層のオプションのような扱いで、畳み込み層と合わせて1層とカウントされるため、図2.3は5層のCNNとなります。

以下に、CNNで利用されている畳み込み層、プーリング層などの特徴や機能について説明します。

2.2.1 畳み込み層

図 2.4 は、**畳み込み層**の畳み込み処理を表しています。入力データに対し、**フィルター**をかけることにより、**特徴マップ**を得ています。

図 2.5 は、畳み込み処理の計算例です。入力データの 3×3 の領域の各要素と、フィルターの各要素の積の和が、特徴マップの中の 1 つの値になります。

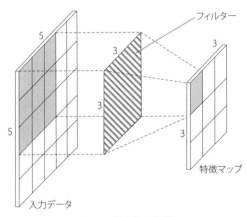

図 2.4　畳み込み処理

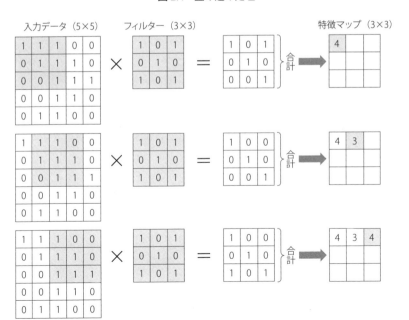

図 2.5　畳み込み処理の計算例

入力データの3×3の領域を移動させながら同じフィルターをかけることにより、1枚の特徴マップを得ています。

図2.6では、2つの異なるフィルターを使って、1枚の入力画像から2枚の特徴マップを作成しています[†4]。畳み込み処理は、入力データの特徴を抽出するための処理であり、通常、複数のフィルターを用います。フィルターの中の数値には、適当な初期値をセットします。CNNでの学習とは、このフィルターの中の数値を変化させながら、適切なフィルターの値を求めることです。このフィルターの値を**重み**と呼びます。

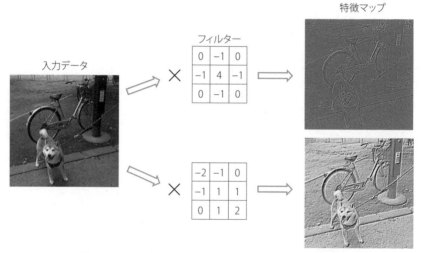

図 2.6　2つの異なるフィルターで特徴マップを2枚作成

一般的に畳み込み処理を行うと、特徴マップのサイズは小さくなります。図2.5では、入力データのサイズ5×5が、サイズ3×3の特徴マップになっています。これを避けるために、入力データの周りに「ふち」を付ける場合があります。図2.7は、入力データの周りを「0」で埋めて「ふち」を付け、畳み込み処理を行う例です。特徴マップが入力データと同じサイズ（5×5）になっています。このような方法は、**ゼロパディング**（zero-padding）と呼ばれています。周りを「0」で1ピクセル埋めるのか、あるいは2ピクセル埋めるのか、などの指定も可能です。

逆に、特徴マップのサイズをもっと小さくする方法もあります。図2.5の例

[†4]　特徴マップの枚数は**チャネル数**と呼ばれています。

2.2 畳み込みニューラルネットワーク

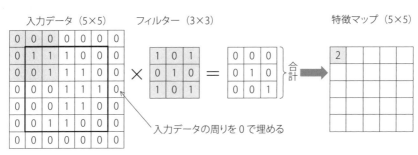

図 2.7 ゼロパディングと特徴マップ

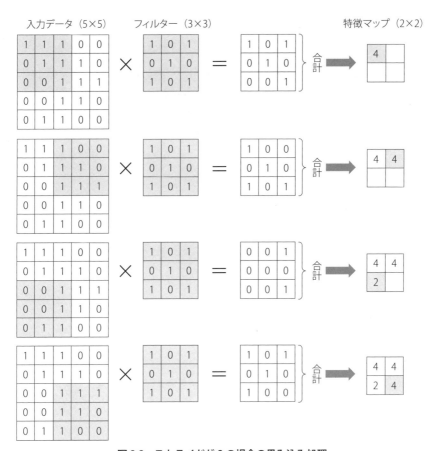

図 2.8 ストライドが 2 の場合の畳み込み処理

では、入力データの3×3の領域を1個ずつ移動させています。例えば、これを2個ずつ移動させると、サイズ2×2の特徴マップを作成することができます（図2.8）。この移動量を**ストライド**（stride）といいます。

特徴マップは、次の層の入力値となります。複数の特徴マップがある場合、次の畳み込み層ではフィルターごとに足し合わされます[†5]。このため、次の畳み込み層のフィルター数が m のときは、次の畳み込み層から出力される特徴マップも m 枚になります。

2.2.2 プーリング層

プーリング層は、特徴マップのある領域の代表値を抽出する機能で、通常、特徴マップのサイズが小さくなります。プーリング層は畳み込み層のオプション的な扱いで、畳み込み層にプーリング層を付けない場合もあります。プーリング層を付けることにより、入力データの位置の若干の違い、変化を吸収することができます。プーリング層には、学習するための重み（パラメータ）はありません。また、直前の畳み込み層から出力される特徴マップが複数（n 枚）の場合でも、プーリング層はそれを変換するだけなので、プーリング層が出力する特徴マップの枚数は変わりません（n 枚）。

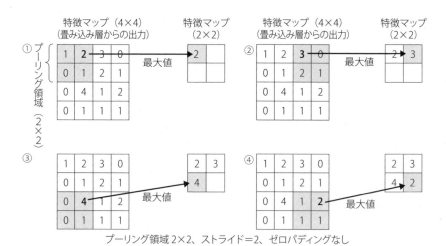

図 2.9　最大値プーリング

[†5] 1つのフィルターは、入力する特徴マップと同じチャネル数を持ちます。それぞれの特徴マップはフィルターにかけられたあと合算されて、次の1枚の特徴マップになります。

図 2.9 は、プーリング層に**最大値プーリング**(max pooling)と呼ばれる方法を適用した例です。

図 2.9 は、プーリング領域のサイズを 2×2、プーリング領域の移動量であるストライドを 2 とし、プーリング領域の最大値を新たな特徴マップの値にしています。一般的に、ストライドは 2 以上を設定します。

プーリングの方法には、最大値プーリング以外に、プーリング領域の平均値を特徴マップの値とする**平均値プーリング**(average pooling)や、パラメータでプーリング領域から抽出する値を調整できる **Lp プーリング**(Lp pooling)などがあります。画像認識の分野では、最大値プーリングの使用が一般的です。

2.2.3　アップサンプリング層

畳み込み層、プーリング層を繰り返し利用すると、特徴マップのサイズが小さくなります。**アップサンプリング層**(Up-sampling)は、特徴マップのサイズを大きくするための層です(図 2.10)。アップサンプリング層には、学習するための重み(パラメータ)はありません。また、プーリング層と同様に、特徴マップが複数(n 枚)の場合でも、アップサンプリング層はそれを変換するだけなので、アップサンプリング層が出力する特徴マップの枚数は変わりません(n 枚)。

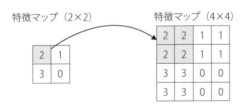

図 2.10　アップサンプリング層の例

2.3　本書で使用するネットワークのパターン

本書で主に使用するネットワークのパターンは、次の 3 種類です。

(1) 全結合ニューラルネットワーク

全結合層のみを使用したネットワークです。入力データが数値で、出力データがクラス分類のパターンで使用します。本書では、第 6 章の Chainer を使用した強化学習の事例で使用しています。

(2) 一般的な畳み込みニューラルネットワーク

図 2.11 は全結合層がある、一般的な畳み込みニューラルネットワークです。

入力データが、畳み込み層、プーリング層、全結合層を経由し、最終的に出力層でクラスの確率が算出されます。図 2.11 の例では、入力データは犬と判定されています。

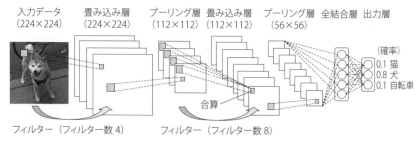

図 2.11　一般的な畳み込みニューラルネットワーク

本書では、第 4 章の画像のクラス分類で使用しています。

(3) 全結合層が無い畳み込みニューラルネットワーク

入力データが画像で、出力データも画像のようなパターンで使用します。

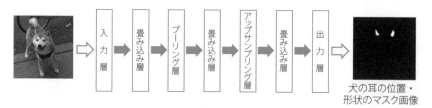

図 2.12　全結合層が無い畳み込みニューラルネットワーク

図 2.12 は、犬の画像から、犬の耳の位置や形状を推測しています。このような全結合層が無いパターンの応用を、第 5 章の物体検出の事例で紹介します。

第3章

基本用語

　ディープラーニングは、内部のパラメータ数が膨大になります。このため、過学習と呼ばれる問題が生じる場合があります。本章では、過学習を抑えて推測精度を上げる方法や、本書で実践するディープラーニングの基本用語について説明します。

　まずは第4章のプログラムを実行し、わからない用語について、本章に戻って確認するという学習方法もお勧めです。

3.1 ディープラーニングの処理概要

図 3.1 は、ディープラーニングの処理の概要です。入力データが、入力層、隠れ層、出力層へと流れ、最後に出力データが生成されます。この出力データが推測結果となります。この一連の流れを**推測**といいます。

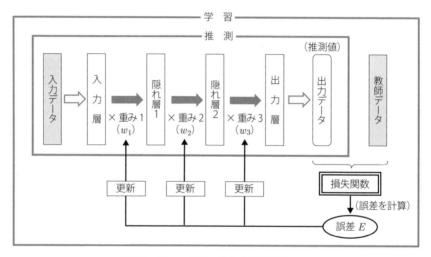

図 3.1　ディープラーニングの処理フロー

ディープラーニングでは、入力データと、その入力データに対する**教師データ**[†1]（正しい答）のペアを、複数準備しておきます。例えば、入力データが「自転車の画像」の場合、自転車を数値「1」と定義すると、教師データには「1」をセットします。教師データには一般的には数値が入りますが、画像を教師データとする場合もあります。

ディープラーニングの**学習**とは、推測された出力データと、教師データとの**誤差**を用いて、各層の重みを適切に更新し、最適な重みを求めることです。

このとき、誤差をどのように計算するか、が重要となります。その計算方法は**損失関数**[†2]と呼ばれる関数で定義します。誤差は出力層側から入力層側へ次々と伝播し、それぞれの層の重みを少しずつ更新していきます。

ディープラーニングは、「推測」と「重みの更新」を繰り返し実行する中で、

---

†1　**ラベル**、あるいは**ターゲット**とも呼ばれています。
†2　**誤差関数**、**評価関数**とも呼ばれています。

誤差が少なくなるように、重みを少しずつ適正な値に調整する収束計算です。

学習を目的とした、入力データと教師データのペアを**トレーニングデータセット**（training dataset）[†3]、推測を目的とした、入力データのみのデータを**テストデータセット**（test dataset）[†4] といいます。

学習状況の評価のために、トレーニングデータセットの一部を抽出して使用する場合があります。このような入力データと教師データのペアを**バリデーションデータセット**（validation dataset）[†5] といいます。バリデーションデータセットは、学習状況の評価にのみ使用し、学習（重みの更新）には使用しません。

表 3.1　データセットの種類

データ種類	入力データ	教師データ	用途
トレーニングデータセット	○	○	学習用
バリデーションデータセット	○	○	学習時の評価用
テストデータセット	○		推測用

表 3.2 はトレーニングデータセットの例です。17 個の要素（ユニット）を持った入力データが 10,000 サンプルあります。この入力データを行列で表すと 10,000×17 の大きさになりますが、この 10,000×17 の行列を使って一度に学習する方法を**バッチ学習**といいます。

一方、データを小分けにして学習する方法もあります。例えば、トレーニングデータセットを 8 行単位に区切って学習する方法で、8×17 の小さな行列を使って学習し、この学習（重みの更新）を 1,250 回繰り返すことで、10,000 サンプルの学習を行います。このような学習方法は**ミニバッチ学習**と呼ばれています。1 回の学習で利用するサンプル数を**バッチサイズ**といいます。8 行単位に区切って学習する場合は、バッチサイズは 8 になります。

行列計算には GPU を使用します。GPU のメモリ容量が大きければ、大きな行列を取り扱うことができます。すなわちバッチサイズを大きくすることができるので、学習が速く進みます。バッチサイズは、GPU のメモリ容量などを考慮し調整することになります。

[†3] **学習データセット**、あるいは単に**学習データ**と呼ぶ場合もあります。

[†4] **検査データセット**、あるいは単に**テストデータ**と呼ぶ場合もあります。モデルを評価・比較するために、本書ではテストデータセットにも教師データがある場合があります。

[†5] 単に**バリデーションデータ**と呼ぶ場合もあります。

表3.2 トレーニングデータセットの例

番号	入力データ																	教師データ	
	1	2	3	4	5	6	7	8	9	10	11	12	13	14	15	16	17	
1	1	0	0	1	0	0	1	0	0	1	1	0	1	0	1	0	0	1
2	0	1	1	1	1	0	0	1	1	1	0	1	0	1	0	0	1	1
3	1	1	1	0	0	1	0	0	0	0	1	0	0	0	1	1	0	2
4	0	0	0	0	0	1	1	1	1	0	1	0	1	0	0	0	0	3
6	1	0	0	1	1	0	0	1	1	0	0	1	0	0	0	0	0	1
7	1	1	0	1	0	0	1	0	0	0	0	1	0	1	1	0	0	1
8	0	0	1	0	1	0	1	1	1	1	1	0	0	0	0	0	0	2
9	0	1	1	1	1	1	1	0	1	0	1	1	1	1	0	1	0	2
10	1	1	1	1	0	1	0	0	1	1	0	0	0	1	0	0	1	3
11	0	0	0	0	1	0	1	1	0	0	1	0	1	0	0	0	0	1
12	0	0	1	0	0	1	0	1	1	1	0	1	0	0	1	1	0	2
⋮																		
9,999	0	0	1	1	1	0	0	1	1	0	0	0	1	0	0	0	0	1
10,000	1	1	0	0	0	0	1	0	1	1	1	0	0	1	0	1	0	1

（番号1〜8: ミニバッチ学習（バッチサイズ=8））

　全サンプルの1回の学習を終えることを**1エポック**（epoch）、全サンプルの2回の学習を終えることを2エポックといいます。学習では、重みを少しずつ更新していくため、少なくて数エポック、多ければ数千エポック実行します。

3.2 活性化関数

図 3.2 は、ディープラーニングで最も基本となる全結合ニューラルネットワークです。層 1 のユニット数は 4、層 2 のユニット数は 2 で、ユニットは全結合されています。

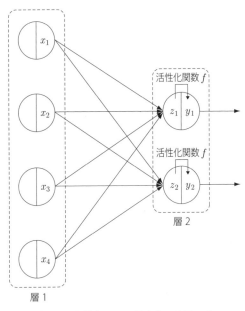

図 3.2　全結合ニューラルネットワーク

層 2 の入力値 z は、層 1 の出力値 x を用いて、次のような一次多項式で表されます。

$$z_1 = a_{11}x_1 + a_{12}x_2 + a_{13}x_3 + a_{14}x_4 + b_1$$
$$z_2 = a_{21}x_1 + a_{22}x_2 + a_{23}x_3 + a_{24}x_4 + b_2$$

z は、層 1 の出力値 x にパラメータ a を掛けて、さらに b を加えた形の一次多項式で表されます。パラメータ b は**バイアス**と呼ばれています。

層 2 の入力値 z を関数 f で変換し、層 2 の出力値 y としています。関数 f は、脳のシナプスが、ある閾値を超えると発火するという動きを模倣しており、**活**

性化関数†6 と呼ばれています。

図 3.3 は主な活性化関数をグラフで表したものです。

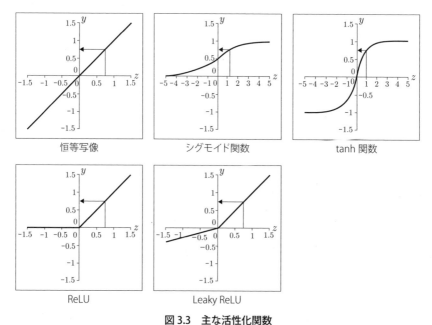

図 3.3　主な活性化関数

それぞれの活性化関数の定義は次のとおりです。

（1）恒等写像（Identity function）

【関数式】

$$y = z$$

ユニットの入力値 z を、そのまま出力値 y とします。

（2）シグモイド関数（Sigmoid function）

【関数式】

$$y = \frac{1}{1 + e^{-z}}$$

シグモイド関数は、入力値 z は実数全体（$-\infty \sim +\infty$）が定義域ですが、出力値 y は $0 \sim 1$ が値域となります。

---

†6　伝達関数、出力関数とも呼ばれています。

(3) tanh 関数（Hyperbolic tangent function）
【関数式】
$$y = \frac{e^z - e^{-z}}{e^z + e^{-z}}$$

tanh 関数は、入力値 z は実数全体（$-\infty \sim +\infty$）が定義域ですが、出力値 y は $-1 \sim 1$ が値域となります。シグモイド関数や tanh 関数は、脳のシナプスの伝達を模倣したものといわれています。

(4) ReLU（Rectified Linear Unit）
【関数式】
$$y = \max(z, 0)$$

ReLU は、恒等写像の「$z<0$ の範囲」を $y=0$ とした関数です。単純な関数ですが、画像認識分野では ReLU を利用することが多く、ニューラルネットワークの多層化に役立っています[†7]。

(5) Leaky ReLU
【関数式】
$$y = z \quad \text{if } z \geq 0$$
$$y = az \quad \text{if } z < 0$$

ReLU の「$z<0$ の範囲」を $y=az$（a は 0.1 などの設定値）の比例式とした関数です。**Leaky ReLU** も画像認識分野でよく利用されています。

これらの活性化関数は、個々のユニットに対し処理を行う関数ですが、層に含まれるユニット全体に対して処理を行う活性化関数もあります。このような活性化関数には、クラス分類などを目的とした、出力層で利用されている**ソフトマックス関数**があります。

ソフトマックス関数（Softmax function）
【関数式】
$$y_i = \frac{e^{z_i}}{\sum_{j=1}^{K} e^{z_j}}$$

K：出力層のユニット数

---

†7　ReLU と多層化の関係については、コラム「勾配消失問題と ReLU」（P.112）を参照してください。

ソフトマックス関数は、各ユニットからの出力値の合計が1になるように出力値を補正します。クラス分類では、この補正された値の中で、最も高い値（確率）を示したユニットが選択されることになります。

3.3 損失関数

損失関数は、推測した出力データと教師データを比較し、誤差を計算するための関数です。

損失関数には、主に次のようなものがあります。

(1) 二乗誤差（Mean squared error）

【関数式】

各データの誤差　$E_n = \frac{1}{2}(y_n - t_n)^2$

　　　　　　　　n：サンプル番号、y_n：出力データ、t_n：教師データ

全体の誤差[8]　$E = \sum_{n=1}^{K} E_n$

　　　　　　　　K：全サンプル数

E_nは個々のデータの誤差です。E_nを使用し重みを更新します。Eはモデル全体の誤差を示す指標で、学習がどの程度進んでいるかの確認などにも利用されます。

例えば、表3.3のような4サンプルの出力データと教師データの場合、全体の誤差は1.5になります。すべてのサンプルで、出力データと教師データが一致すると、全体の誤差は最小値の0になります。

表3.3　二乗誤差の計算例

No.	出力データ y_n	教師データ t_n	誤差（二乗誤差）E_n
1	4	3	0.5
2	3	2	0.5
3	1	1	0
4	2	1	0.5
全体			1.5

---

[8]　「全体の誤差」は**ロス**（loss）とも呼ばれています。

(2) クロスエントロピー (Cross-entropy)

【関数式】

各データの誤差 $E_n = -\sum_{k=1}^{K} t_{nk} \log y_{nk}$ (3.1)

n：サンプル番号、K：クラス数
y_{nk}：n サンプル目のクラス k の出力データ（確率）
t_{nk}：n サンプル目のクラス k の教師データ（0 または 1）

全体の誤差 $E = \sum_{n=1}^{K} E_n$

K：全サンプル数

クロスエントロピーは、クラス分類用の損失関数として利用されています。本書では第 4 章で使用しています。

式 (3.1) のマイナスは、出力データと教師データが完全に一致したときに、最大値ではなく最小値をとるようにするためです。

3 クラス分類、4 サンプルのトレーニングデータセットで、表 3.4 のような出力データ（推測値）と教師データ（正解）の場合、全体の誤差は 2.7 になります。クラス分類では、ソフトマックス関数を用いて、各クラスの合計が 1 になるように変換されるので、出力データは確率になります。

表 3.4 の 1 番目のサンプルは、クラス 2 の推測確率が 0.8、教師データはクラス 2 なので、よく一致しているといえます。一致するサンプルが多いほど、全体の誤差の値は下がります。

表 3.4 クロスエントロピーの計算例

No.	出力データ（確率）			教師データ			誤差 (クロスエントロピー)
	クラス 1	クラス 2	クラス 3	クラス 1	クラス 2	クラス 3	
1	0.1	0.8	0.1	0	1	0	0.223
2	0.3	0.4	0.3	1	0	0	1.204
3	0.7	0.2	0.1	1	0	0	0.357
4	0.3	0.3	0.4	0	0	1	0.916
全体							2.700

(3) 二値クロスエントロピー（Binary cross-entropy）

【関数式】

各データの誤差　　$E_n = -\{t_n \log y_n + (1-t_n)\log(1-y_n)\}$　　　(3.2)

n：サンプル番号

y_n：n サンプル目の出力データ（0 〜 1）

t_n：n サンプル目の教師データ（0 または 1）

全体の誤差　　$E = \sum_{n=1}^{K} E_n$

K：全サンプル数

　二値クロスエントロピーは、クロスエントロピーの特殊な形です。二値とは、男性か、女性か、あるいは表か、裏かなど、パターンが2つしかない場合を表し、片方の確率が p のとき、もう片方の確率は $1-p$ になります。

　クロスエントロピーと同様に、式（3.2）のマイナスは、出力データと教師データが完全に一致したときに、最大値ではなく最小値をとるようにするためです。

　男性を0、女性を1とした、4サンプルのトレーニングデータセットで、表3.5のような出力データ（推測値）と教師データ（正解）の場合、全体の誤差は1.771になります。出力データは、シグモイド関数を用いて0 〜 1の範囲の確率に変換されています。

　表3.5の2番目のサンプルは、出力データ（推測値）が0.3、教師データ（正解）は女性の1なので、推測値は正しくありません。しかし、3番目のサンプルは、出力データが0.9、教師データは女性の1なので、推測値と教師データは、ほぼ一致しているといえます。一致するサンプルが多いほど、全体の誤差の値は下がります。

表3.5　二値クロスエントロピーの計算例

No.	出力データ	教師データ 男性0　女性1	誤差 （二値クロスエントロピー）
1	0.1	0	0.105
2	0.3	1	1.204
3	0.9	1	0.105
4	0.3	0	0.357
全体			1.771

3.4 確率的勾配降下法

確率的勾配降下法(stochastic gradient descent, **SGD**)は、サンプルの一部を使って、繰り返し、少しずつ重みの更新を行う方法で、ミニバッチ学習などで使用されています。損失関数で求めた誤差が小さくなるように、重みの更新を逐次行います。

誤差 E は、重み w の関数として、図 3.4 のようなグラフで表すことができます。

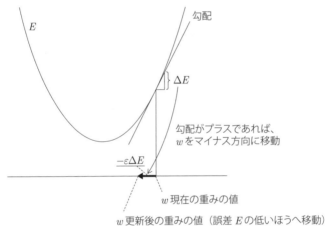

図 3.4 確率的勾配降下法による重みの更新

確率的勾配降下法は、重み w に対する誤差 E の勾配 ΔE(E を w で微分したもの)を求め、勾配が正であれば w を負の方向へと更新し、逆に勾配が負であれば w を正の方向に更新します。

式 (3.3) は、重み w の更新式です。誤差 E の勾配 ΔE を求めることができれば、重み w を更新することができることを示しています。

$$w \leftarrow w - \varepsilon \Delta E \tag{3.3}$$

ε:学習係数

勾配 ΔE は w の更新幅にあたりますが、1回の更新幅を抑えるために、**学習係数**(learning rate)を掛けています。学習係数 ε(エプシロン)には、0.01 や 0.001 などの値を設定します。ε の係数「マイナス」は、勾配が正であれば

w を負の方向へ更新するための係数です。

3.4.1 重み更新の計算例
(1) 前提

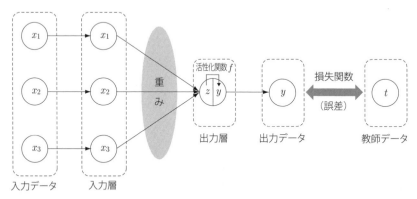

図 3.5　1 層の全結合ニューラルネットワーク

ここでは、図 3.5 のような 1 層の全結合ニューラルネットワークを用いて、確率的勾配降下法による重みの更新例を示します。入力層のユニット数は 3、出力層はユニット数が 1 のシンプルなネットワークです。損失関数は二乗誤差を用いて、活性化関数には恒等写像を使用します。

表 3.6　トレーニングデータセット

No.	入力データ			教師データ
	x_1	x_2	x_3	t
1	1	2	3	3
2	5	6	7	6

表 3.6 は使用するトレーニングデータセットです。サンプル数は 2 で、1 番目のサンプルをみると、$x_1 = 1$, $x_2 = 2$, $x_3 = 3$ が与えられたときの教師データ t（正解）は 3 になっています。

(2) 勾配 ΔE の計算式

出力層の出力値 y は、入力層の出力値 x を用いて、次のような一次多項式で表すことができます。

$$a_1x_1 + a_2x_2 + a_3x_3 + b = z = y$$

$a_1 \sim a_3, b$：パラメータ

※活性化関数に恒等写像を用いるので、$z = y$ となります。

これに、表3.6のトレーニングデータセットを当てはめると、次のような連立方程式が出来上がります。

$$a_1 + 2a_2 + 3a_3 + b = y_1 \tag{3.4}$$
$$5a_1 + 6a_2 + 7a_3 + b = y_2 \tag{3.5}$$

式 (3.4)、式 (3.5) の連立方程式は、行列とベクトルを用いて次のように表すことができます。

$$\begin{pmatrix} a_1 & a_2 & a_3 & b \end{pmatrix} \begin{pmatrix} 1 & 5 \\ 2 & 6 \\ 3 & 7 \\ 1 & 1 \end{pmatrix} = \begin{pmatrix} y_1 & y_2 \end{pmatrix}$$

$$\downarrow \qquad\qquad \downarrow \qquad\qquad \downarrow$$

$$w \qquad\qquad X \qquad\qquad Y$$

重み　　　入力データ　　出力データ
　　　　　　　　　　　（推測値）

入力データを X、重み（パラメータ）を w、出力データ（推測値）を Y としています。w と X を用いると、出力データ Y は次のような式で表すことができます。

$$wX = Y$$

また、表3.6の教師データは、t を用いて次のように表します。

$$t = \begin{pmatrix} 3 & 6 \end{pmatrix}$$

損失関数には二乗誤差を使用します。誤差は次のような式で表すことができます。

$$\text{誤差} \quad E = \frac{1}{2} \| Y - t \|^2$$
$$= \frac{1}{2} \| wX - t \|^2$$

勾配 ΔE は、誤差 E を重み w で微分したものです。w で微分すると、勾配 ΔE は次のような式になります。

$$\Delta E = \frac{\partial E}{\partial w} = (Y-t)X^{\mathrm{T}} \quad (3.6)$$

X^{T}：X の転置行列、$Y-t$：誤差信号 δ

※活性化関数には恒等写像を使用するので、活性化関数に関わる数式を除いています。

本書では、式 (3.6) の $Y-t$ を**誤差信号**と呼び、記号 δ（デルタ）で表します。式 (3.6) のように、勾配 ΔE は、誤差信号 δ と、入力データ X から求めることができます。入力データはすでにわかっている値なので、誤差信号の値が求まれば、勾配 ΔE を求めることができ、そして勾配 ΔE がわかれば、式 (3.3) で重み w を更新することができる、ということになります。

(3) 初期値の設定

初めに、重み w と学習係数 ε に適当な初期値を設定します。ここでは学習係数 ε は 0.001 とし、重み w の初期値を次のように設定しました。

$$w = \begin{pmatrix} a_1 & a_2 & a_3 & b \end{pmatrix} = \begin{pmatrix} 1 & 0 & 1 & 0 \end{pmatrix}$$

(4) 重みの更新

準備ができましたので、重み w の更新を行っていきます。重みの更新は、次の①〜③の手順で行います。

①現在の重みで推測値を求める

入力データ X と現在の重み w から、推測値 Y を求めます。

推測値

$$wX = \begin{pmatrix} 1 & 0 & 1 & 0 \end{pmatrix} \begin{pmatrix} 1 & 5 \\ 2 & 6 \\ 3 & 7 \\ 1 & 1 \end{pmatrix}$$
$$= \begin{pmatrix} 4 & 12 \end{pmatrix}$$
$$= Y$$

ここで、全体の誤差をいったん計算してみます。損失関数には二乗誤差を使用するので、全体の誤差 E は次のように計算して 18.5 となります。

現在の値
教師データ　$t = \begin{pmatrix} 3 & 6 \end{pmatrix}$
推測値　　　$Y = \begin{pmatrix} 4 & 12 \end{pmatrix}$

全体の誤差
$$E = \sum_{n=1}^{2} \left\{ \frac{1}{2}(y_n - t_n)^2 \right\}$$
$$= \frac{1}{2}(y_1 - t_1)^2 + \frac{1}{2}(y_2 - t_2)^2$$
$$= \frac{1}{2}(4 - 3)^2 + \frac{1}{2}(12 - 6)^2$$
$$= 18.5$$

②勾配 ΔE を計算する

次に式（3.6）を用いて、現在の重み w に対する勾配 ΔE を計算します。

現在の値
教師データ　$t = \begin{pmatrix} 3 & 6 \end{pmatrix}$
推測値　　　$Y = \begin{pmatrix} 4 & 12 \end{pmatrix}$

入力データ　$X^{\mathrm{T}} = \begin{pmatrix} 1 & 2 & 3 & 1 \\ 5 & 6 & 7 & 1 \end{pmatrix}$

勾配
$$\Delta E = (Y - t) X^{\mathrm{T}}$$
$$= \begin{pmatrix} 4-3 & 12-6 \end{pmatrix} \begin{pmatrix} 1 & 2 & 3 & 1 \\ 5 & 6 & 7 & 1 \end{pmatrix}$$
$$= \begin{pmatrix} 1 & 6 \end{pmatrix} \begin{pmatrix} 1 & 2 & 3 & 1 \\ 5 & 6 & 7 & 1 \end{pmatrix}$$
$$= \begin{pmatrix} 31 & 38 & 45 & 7 \end{pmatrix}$$

③重みを更新する

最後に式（3.3）を利用し、②で求めた勾配 ΔE を用いて、現在の重み w を更新します。学習係数 ε は 0.001 としています。

現在の値

現在の重み　　　$w = \begin{pmatrix} 1 & 0 & 1 & 0 \end{pmatrix}$

勾配　　　　　　$\Delta E = \begin{pmatrix} 31 & 38 & 45 & 7 \end{pmatrix}$

更新後の重み

$$\begin{aligned}
w &\leftarrow w - \varepsilon \Delta E \\
&= \begin{pmatrix} 1 & 0 & 1 & 0 \end{pmatrix} - 0.001 \times \begin{pmatrix} 31 & 38 & 45 & 7 \end{pmatrix} \\
&= \begin{pmatrix} 1 & 0 & 1 & 0 \end{pmatrix} - \begin{pmatrix} 0.031 & 0.038 & 0.045 & 0.007 \end{pmatrix} \\
&= \begin{pmatrix} 0.969 & -0.038 & 0.955 & -0.007 \end{pmatrix}
\end{aligned}$$

　これで重み w が更新されました。ここで、更新後の重み w を使って推測値を求め、全体の誤差を再び計算してみます。

現在の値

教師データ　　$t = \begin{pmatrix} 3 & 6 \end{pmatrix}$

推測値　　　　$wX = \begin{pmatrix} 0.969 & -0.038 & 0.955 & -0.007 \end{pmatrix} \begin{pmatrix} 1 & 5 \\ 2 & 6 \\ 3 & 7 \\ 1 & 1 \end{pmatrix}$

$$\begin{aligned}
&= \begin{pmatrix} 3.751 & 11.295 \end{pmatrix} \\
&= Y
\end{aligned}$$

全体の誤差

$$\begin{aligned}
E &= \sum_{n=1}^{2} \left\{ \frac{1}{2} (y_n - t_n)^2 \right\} \\
&= \frac{1}{2} (y_1 - t_1)^2 + \frac{1}{2} (y_2 - t_2)^2 \\
&= \frac{1}{2} (3.751 - 3)^2 + \frac{1}{2} (11.295 - 6)^2 \\
&= 14.30051
\end{aligned}$$

　全体の誤差は約 14.3 となり、重み更新前の 18.5 より小さくなっていることがわかります。

(5) 更新の繰り返し

　以上の①〜③の計算で、全サンプル（今回は2サンプル）の更新が1回終わりました。これで1エポックが終了したことになります。更新後の重み w を

用いて、①〜③をもう一度繰り返せば、2エポックが終了となります。表3.7のように、2エポック終了すると全体の誤差は約11.1に、3エポック終了すると全体の誤差は約8.6になり、エポック数が増えるにつれて全体の誤差は次第に小さくなり、重みwが適切な値に次第に収束していきます。

表3.7 エポック数と全体の誤差の推移

	エポック数			
	0	1	2	3
全体の誤差	18.5	14.3	11.1	8.6

※小数点以下第2位を四捨五入

3エポック終了時、更新された重みwの値は次のようになります。

$$3エポック終了時の重み \quad w = \begin{pmatrix} 0.92 & -0.10 & 0.88 & -0.02 \end{pmatrix}$$

※小数点以下第3位を四捨五入

これは、入力層のxと出力層のyを、次のような式で表すことができることを示しています。

$$092x_1 - 0.1x_2 + 0.88x_3 - 0.02 = y$$

エポック数を多くすれば、全体の誤差はより小さくなりますが、必要以上にエポック数を多くすると、後述する**過学習**という問題が生じる場合があります。エポック数は、バリデーションデータセットの誤差の値をチェックしながら、適切な数を設定し、学習を終了させる必要があります。

3.4.2 モメンタム

ここでは、式(3.3)を用いて重みの更新を行いました。

重みを効率よく更新する方法に、**モメンタム**（momentum）という方法があります。これは、重みの更新量（ベクトル）が、前回の重みの更新量（ベクトル）と大きく方向が変わらないようにする機能で、例えば、車のハンドルを急に大きくきっても、タイヤの角度は徐々に滑らかに変わっていくというような機能を持ちます。

前回の重みの更新量を差分

$$\Delta w^{(t-1)} = w^{(t)} - w^{(t-1)}$$

とすると、モメンタムを使用した重み w の更新は、次のような式になります。

$$w^{(t+1)} \leftarrow w^{(t)} - \varepsilon \Delta E + \mu \Delta w^{(t-1)} \tag{3.7}$$

ε：学習係数

重み更新時、前回の重み更新量の μ（ミュー）倍を重みに加算します。μ は 0.8, 0.9 などの設定値です。図3.6 はモメンタムの動作の概要を表しています。

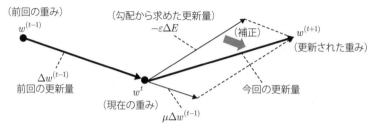

図3.6 モメンタムを利用した重みの更新

モメンタムは、スキーのジャンプ台のような、真っすぐに降りてくる坂を考えた場合、勾配から求めた更新量 $-\varepsilon \Delta E$ と、前回の更新量 $\mu \Delta w^{(t-1)}$ が同じ方向を向いて加算されるため、重み w の更新が大きく加速されます。これは坂の途中まではよいのですが、ジャンプ台の一番低いところでなかなか停止できない、すなわち収束しない状況も生まれてしまいます。

これを避けるために、「現時点の勾配」ではなく、前回の更新量を用いて次の位置を予測し、その「予測位置の勾配」を式 (3.7) の ΔE に適用する方法が考えられました。この方法により、勾配の正負が逆転するようなポイントでも、しっかりと減速することができます。この方法は **Nesterov momentum** と呼ばれています。

3.5 誤差逆伝播法

3.4節では、1層の全結合ニューラルネットワークを用いて、確率的勾配降下法による重みの更新例を紹介しました。ここでは、1層ではなく多層の場合について、それぞれの層への誤差の伝え方や重みの更新方法について説明します。

図3.7は3層のニューラルネットワークです。

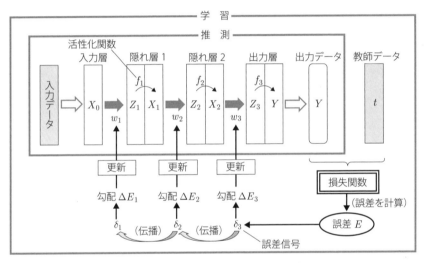

図3.7　誤差信号の伝播による重みの更新

図3.7は、誤差信号の伝播による重みの更新を表しています。それぞれの勾配 ΔE は、誤差信号 δ と、各層の出力データから求めることができます。例えば勾配 ΔE_3 は、X_2 と δ_3 から求めることができます。勾配 ΔE_3 を求めることができれば、重み w_3 を式 (3.3) を用いて更新することができます。

$$w \leftarrow w - \varepsilon \Delta E \qquad (3.3)（再掲）$$

　　ε：学習係数

ここでは損失関数を二乗誤差とし、誤差 E を次のような式で表します。関数 f は活性化関数です。

$$E = \frac{1}{2}\|Y - t\|^2$$
$$= \frac{1}{2}\|f_3(w_3 X_2) - t\|^2$$

図 3.8 は、誤差信号の計算式です。出力層側の誤差信号 δ_3 を求めた後、δ_3 を利用して、順次 δ_2, δ_1 を求めていきます。出力層側から逆向きに、誤差信号を入力層側へ次々と伝えていくことから、このような算出方法は**誤差逆伝播法**（back propagation）と呼ばれています[†9]。

$$\delta_3 = (Y - t) \circ f_3'(Z_3)$$

$$\delta_2 = \left((W_3)^{\mathrm{T}} \delta_3\right) \circ f_2'(Z_2)$$

$$\delta_1 = \left((W_2)^{\mathrm{T}} \delta_2\right) \circ f_1'(Z_1)$$

※記号「∘」はアダマール積、行列の成分ごとの積

図 3.8　誤差信号の伝播計算

このように求めた誤差信号を用いて、それぞれの勾配 ΔE を次の式で算出します。

$$\Delta E_3 = \delta_3 X_2^{\mathrm{T}}$$
$$\Delta E_2 = \delta_2 X_1^{\mathrm{T}}$$
$$\Delta E_1 = \delta_1 X_0^{\mathrm{T}}$$

この勾配 $\Delta E_1 \sim \Delta E_3$ を式（3.3）に代入し、それぞれの重みを更新します。このように重みの計算処理は、ほぼすべてが行列計算になります。

[†9] 出力層側から入力層側へ誤差信号を伝えていくことを**逆伝播**といいます。

3.6 過学習

ディープラーニングは、層の数やユニット数が多いため、内部のパラメータ数が膨大になります。例えば、VGG-16 のパラメータ数は約 1.4 億個にもなります。これだけパラメータが多いと、トレーニングデータセットの情報を、データ作成時の間違いなども含め、内部にすべて保持することができるようになってしまいます。すなわち、トレーニングデータセット自体の推測では 100％ 近い一致率となり、トレーニングデータセットに特化したパラメータが出来上がってしまいます。しかしながら、実際の推測で使用するデータは、学習のために利用したトレーニングデータセットとは異なる未知のデータであるため、実際の推測では精度が悪くなる場合があります。

このように、トレーニングデータセットに特化したパラメータが出来上がってしまうことを**過剰適合**あるいは**過学習**といいます。ディープラーニングでは、過学習にならないように十分注意する必要があります。

ここでは、過学習を抑える方法をいくつか紹介します。

3.6.1 バリデーションデータセットを使ったエポック数の決定

確率的勾配降下法では、エポック数が増えるにつれて全体の誤差が下がり、重みがトレーニングデータセットに適合していきます。図 3.9 は、全体の誤差の値とエポック数の関係を表しています。

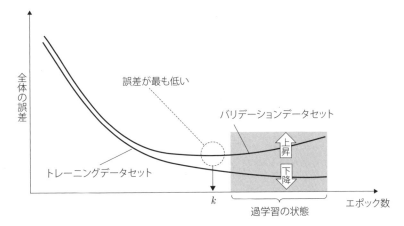

図 3.9　全体の誤差とエポック数

図3.9のトレーニングデータセットをみると、エポック数が大きくなるにつれ、全体の誤差（training loss）の値が下がっていきます。一方、バリデーションデータセットでは、全体の誤差（validation loss）はいったん下がったあと、途中から逆に大きくなっています。学習時、バリデーションデータセットは重みの更新に使用しないため、バリデーションデータセットの誤差は、実際の推測時の誤差に近いものと考えられます。図3.9のような状況では、バリデーションデータセットの誤差が最も低くなる k を最適なエポック数とし、このエポック数で得た重みで推測を実行します。エポック数が k より大きい状況では過学習である可能性があります。

学習時の評価に**正解率**（accuracy）を用いる場合もあります。

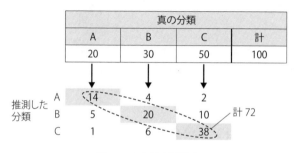

図 3.10　正解率計算表

図3.10は、サンプル数100のデータの真の分類がわかっている場合に、そのサンプルを使用して推測した結果例です。真の分類のうち、推測が合っているものは72サンプルあります。この場合、正解率は次のようになります。

正解率　$72 \div 100 = 0.72$

バリデーションデータセットの正解率（validation accuracy）を、1エポック終了ごとに画面に表示し、正解率が最も高い状態のエポック数を探します。正解率が最も高い状態のエポック数を最適なエポック数とします。

図3.11は学習実行時の画面表示例です。validation loss や validation accuracy の値をチェックしながら、最適なエポック数を決定します。

```
Epoch 1/1
261/261 [==============================] - 0s - loss: 1.7959 - acc: 0.1418 - val_loss: 1.7540 - val_acc: 0.3308
```
　　　　　　　　　　　training loss　training accuracy　validation loss　validation accuracy

図 3.11　学習実行時の画面表示例

　バリデーションデータセットを使った学習には、次のような方法が考案されています。

(1) K 分割交差検証（K-fold cross-validation）

　入力データと教師データのペアが N サンプルあった場合に、N サンプルを K グループに分割します。例えば $K=5$ の場合、$G_1 \sim G_5$ のグループに分割します（図 3.12）。5 グループに分割されたグループの 1 つ（G_1）をバリデーションデータセットとし、残りの 4 グループをトレーニングデータセットとします（$G_2 \sim G_5$）。この状態でバリデーションデータセットの誤差をチェックしながらエポック数を定め、モデル 1 を作成します。

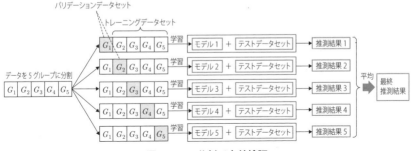

図 3.12　5 分割で交差検証

　次に、G_2 をバリデーションデータセットとし、残りの 4 グループをトレーニングデータセットとします（G_1, G_3, G_4, G_5）。この状態で、バリデーションデータセットの誤差をみながらエポック数を定め、モデル 2 を作成します。

　同様に、G_3, G_4, G_5 をそれぞれバリデーションデータセットにした、モデル 3、モデル 4、モデル 5 を作成します。

　最後に、テストデータセットに対し、モデル 1 〜 モデル 5 を使って 5 パターンの推測結果を求めます。この 5 パターンの推測結果を平均して 1 つの推測結果とします。

(2) ホールドアウト検証（holdout）

入力データと教師データのペアが N サンプルあった場合に、N サンプル中のある割合、例えば8割をランダムに選んでトレーニングデータセットとし、残りの2割をバリデーションデータセットとします。この状態で、バリデーションデータセットの誤差をみながらエポック数を定め、モデルを作成します。その後、作成したモデルを使用して推測結果を求めます。

第4章では、ホールドアウト検証を用いています。50%[10]をランダムに選んでトレーニングデータセットとし、残りの50%をバリデーションデータセットとしてモデル1を作成しています。これをもう一度繰り返してモデル2を作成し、テストデータセットに対し、モデル1、モデル2を使って2パターンの推測結果を求めています。この2パターンの推測結果を平均して、1つの推測結果としています。

3.6.2　正則化

ディープラーニングのネットワークは膨大な数の重み（パラメータ）を持っています。学習時、このパラメータの値に制約を付けて、過学習を抑える方法を**正則化**（regularization）といいます。

正則化の1つに、**重み減衰**（weight decay）[11]という手法があります。これは、損失関数に「重みの二乗和」を加えたものを新たな損失関数とします。損失関数の値が小さくなるように重みは更新されますが、重み更新時に、重み一つひとつの値が極端に大きい値、あるいは小さな値（マイナス方向に大きい）をとらないように、パラメータに制約を加えるという方法です。

損失関数を二乗誤差とすると、重み減衰のある損失関数は式 (3.8) のように表すことができます。

$$E = \frac{1}{2}\|wX - t\|^2 + \frac{\lambda}{2}\|w\|^2 \tag{3.8}$$

このとき、勾配 ΔE は次のような式になります。

---

[10] 本書では、モデルによる推測精度の違いをわかりやすくするために、トレーニングデータセットの割合を低めの50%としています。

[11] **L2 正則化**とも呼ばれています。

$$\Delta E = \frac{\partial E}{\partial w} = (wX - t) X^{\mathrm{T}} + \lambda w$$
$$= (Y - t) X^{\mathrm{T}} + \lambda w \tag{3.9}$$

$X^{\mathrm{T}} : X$ の転置行列

※活性化関数は恒等写像とし、活性化関数に関わる数式を除いています。

λ (ラムダ) は重み減衰の影響を制御する設定値で、通常 $0.0001 \sim 0.000001$ などの小さな値が設定されます。

3.6.3　ドロップアウト

ドロップアウト (dropout) は、層のユニットを間引きながら学習することにより、過学習を抑える方法です (図 3.13)。間引く割合 p を層ごとに指定します。1 回の学習ごとに、間引くユニットをランダムに選び直します。

ドロップアウトは全結合層や畳み込み層に適用します。p には 0.5 などの値を設定します。

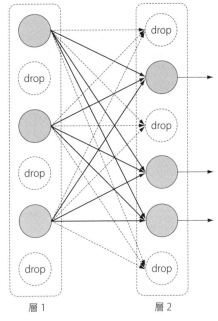

図 3.13　ドロップアウト

3.7 データ拡張と前処理

過学習の抑制や推測精度を上げるために、**データ拡張**（data augmentation）と呼ばれる処理を行う場合があります。データ拡張は、トレーニングデータセットを元に、疑似的なデータセットを作成しその量を増やします。

図3.14では、「犬」に分類されている元画像から、アフィン変換を用いて「回転」「せん断」を行い2画像作成し、犬に分類されるトレーニングデータセットを2サンプル追加しています。

図3.14　データ拡張の例

画像の左右反転や切り抜き、歪み、画像の濃淡や色の補正、ノイズ付与などを行い、データ拡張を行う場合もあります。

データ拡張はテストデータセットに対しても有効です。例えば、図3.14の(a)がテスト用画像である場合、図3.14の(b)、(c)についても結果を推測し、3つの推測結果を平均します。

トレーニングデータセットやテストデータセットが偏りを含む場合、それを補正するために**前処理**（pre-processing）を行います。トレーニングデータセットで行った前処理は、テストデータセットに対しても行う必要があります。

基本的な前処理として、**データの正規化**（normalization of data）という手法があります。データの正規化は、各データセットのサンプルの平均値が0、分散が1になるように、各サンプルの値を事前に変換する方法です。

推測精度を高めるために、対象物を自動的に切り抜くような処理を前処理として行う場合もあります。例えば、犬種を推測するような場合、余分な「自転車」を除外し、「犬」の画像領域のみを切り抜いて学習や推測を行うと、推測精度が上がります。図 3.15 では、後述する物体検出を利用し、「犬」の画像領域のみを切り抜いてトレーニングデータセットとしています。テストデータセットに対しても、同様な処理を施したうえで推測を行う必要があります。

(a) 元画像　　　　　(b) 切り抜き

図 3.15　対象物の切り抜き

3.8 学習済みモデル

画像のクラス分類を目的とした**学習済みモデル**（pre-trained model）は、表 3.8 のように複数提供されています。

表 3.8 学習済みモデルの例

モデル名	層数	判定エラー率（%）	補足
AlexNet	8	16.4	ILSVRC 2012　1 位
GoogLeNet	22	6.7	ILSVRC 2014　1 位
VGG-16	16	7.3	ILSVRC 2014　2 位
VGG-19	19		（2 つのモデルをアンサンブル）
ResNet-18	18		
ResNet-34	34		
ResNet-50	50		
ResNet-101	101		
ResNet-152	152	3.57	ILSVRC 2015　1 位
ResNet-200	200		

表 3.8 の学習済みモデルは、画像を 1,000 クラスに分類する競技会 ILSVRC をベースに作成されているため、出力層のユニット数が 1,000 になっています。作成された学習済みモデルの重みは、ILSVRC で使用した ImageNet の画像で学習し作成したものですが、ImageNet 以外の画像セットにも適用することが可能で、少サンプルのトレーニングデータセットでも優れた性能を発揮するといわれています。学習済みモデルを利用する方法は**転移学習**と呼ばれています。

学習済みモデルは、次のような利用方法があります。

(1) 特徴抽出器

学習済みモデルの重みを固定し、単純な**特徴抽出器**として、そのまま利用する方法です（図 3.16）。

入力データは、学習済みモデルを利用した特徴抽出器を通過し、特徴ベクトルに変換されます。この特徴ベクトルを新たな入力データとして、サポートベクターマシンなどの識別器を用いて教師データに適合させる方法です。

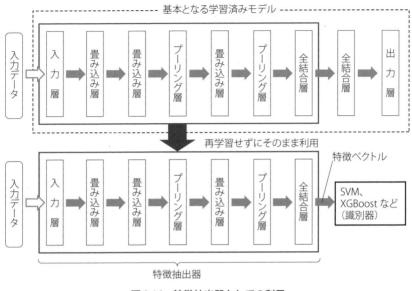

図 3.16 特徴抽出器としての利用

(2) Fine-tuning

Fine-tuning[12] は、学習済みモデルの重みを、ニューラルネットワークの重みの初期値としてセットし、新たなトレーニングデータセットを用いて再学習する方法です。ImageNet を利用した学習済みモデルの出力層はユニット数が 1,000 なので、新たなトレーニングデータセットに合うユニット数を持つ出力層に付け替えます。例えば、新たなトレーニングデータセットが 10 クラス分類であれば、出力層を 10 ユニットとします（図 3.17）。また、入力データの大きさも、入力層のユニット数に合うように画像の大きさを調整する必要があります。

Fine-tuning を行うと、少ないエポック数で高い性能を得られることが示されています。

本書では、学習済みモデルを利用した Fine-tuning の方法を、第 4 章で具体的に説明します。

---

[12] 教師なし「事前学習」を行ったあと、識別器などで教師データに適合させる方法も Fine-tuning と呼ばれています。

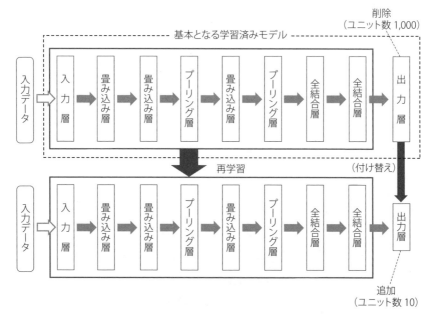

図 3.17　学習済みモデルを利用した Fine-tuning

3.9　学習係数の調整

重みは一般的に式（3.3）で更新されます。ΔE は勾配です。

$$w \leftarrow w - \varepsilon \Delta E \tag{3.3（再掲）}$$

ε：学習係数

学習係数 ε を小さな値に設定すると学習は安定しますが、学習速度が遅くなります。そこで、学習回数が増えるにつれて、学習係数を徐々に小さくしていく手法が考えられました。これは**学習係数の減衰**あるいは**学習率減衰**と呼ばれています。学習係数 ε を次のような式で減衰していきます。

$$\varepsilon \leftarrow \frac{\varepsilon}{(1+\rho n)}$$

ρ（ロー）は**学習係数の減衰率**で、10^{-6} などの値が入ります。n はミニバッチ学習の実行回数です。

この学習係数の調整は推測精度にも影響を与えるといわれており、さまざまなアルゴリズムが考案されています。ここでは主要な学習係数の調整アルゴリズムを紹介します。

(1) AdaGrad

次のような式で重みを更新します。

$$\begin{cases} g \leftarrow g + (\Delta E)^2 \\ w \leftarrow w - \dfrac{\varepsilon}{\sqrt{g}} \Delta E \end{cases}$$

ε：学習係数、$(\Delta E)^2$：要素ごとの二乗

学習回数が進むと g が加算されて大きくなり、$\dfrac{\varepsilon}{\sqrt{g}}$ の値は逆に小さくなるため、w の更新量が少なくなっていきます。

(2) RMSProp

AdaGrad を少し変形した形の次の式で重みを更新します。

$$\begin{cases} g \leftarrow \alpha g + (1-\alpha)(\Delta E)^2 \\ w \leftarrow w - \dfrac{\varepsilon}{\sqrt{g}} \Delta E \end{cases}$$

ε：学習係数、$(\Delta E)^2$：要素ごとの二乗

α は g に ΔE を加えるときの設定値で、通常 0.9 や 0.95 などの値を設定します。

(3) Adam

次のような式で重みを更新します[13]。m は重みの平均値、v は重みの分散です。

---

[13] Diederik P. Kingma, Jimmy Lei Ba: ADAM A METHOD FOR STOCHASTIC OPTIMIZATION

$$\begin{cases} m \leftarrow \beta_1 m + (1-\beta_1)\Delta E \\ v \leftarrow \beta_2 v + (1-\beta_2)(\Delta E)^2 \\ \bar{m} \leftarrow \dfrac{m}{1-\beta_1^n} \\ \bar{v} \leftarrow \dfrac{v}{1-\beta_2^n} \\ w \leftarrow w - \varepsilon \dfrac{\bar{m}}{\sqrt{\bar{v}}} \end{cases}$$

ε：学習係数、n：ミニバッチ学習の実行回数

過去の勾配 ΔE の平均と分散を考慮しながら重みを更新します。勾配 ΔE が荒く変化するような場合でも、適切に収束するといわれています。

β_1, β_2 は 0～1 の値をとる設定値で、β_1 には 0.9、β_2 には 0.999 などの値を設定します。

全結合層と畳み込み層の違い COLUMN

第 2 章では、畳み込み層をフィルターを使って説明しました。ここでは、畳み込み層と全結合層を式で比較し、その違いについて考えてみます。

図 C3.1 は 1 層のネットワークです。「(a) 全結合層」の z は、$x_1 \sim x_5$ のすべてのユニットからそれぞれ接続されています。

「(a) 全結合層」の z と x の関係を式で表すと、次のようになります。

全結合層

$$\begin{cases} a_{11}x_1 + a_{12}x_2 + a_{13}x_3 + a_{14}x_4 + a_{15}x_5 + b_1 = z_1 \\ a_{21}x_1 + a_{22}x_2 + a_{23}x_3 + a_{24}x_4 + a_{25}x_5 + b_2 = z_2 \\ a_{31}x_1 + a_{32}x_2 + a_{33}x_3 + a_{34}x_4 + a_{35}x_5 + b_3 = z_3 \end{cases}$$

x の係数 a や b は重み（パラメータ）で、パラメータは 18 個あります。

一方、図 C3.1 の「(b) 畳み込み層」では、z が特定の 3 つの x からのみ接続されています。例えば、z_2 は x_2, x_3, x_4 から接続されています。

畳み込み層の z と x の関係を式で表すと、次のようになります。

畳み込み層

$$\begin{cases} a_1 x_1 + a_2 x_2 + a_3 x_3 + b = z_1 \\ a_1 x_2 + a_2 x_3 + a_3 x_4 + b = z_2 \\ a_1 x_3 + a_2 x_4 + a_3 x_5 + b = z_3 \end{cases}$$

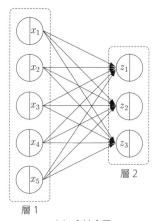
(a) 全結合層

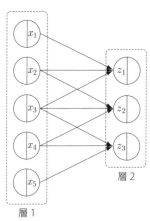
(b) 畳み込み層

図 C3.1　全結合層と畳み込み層

z_1 についてみると、a_1, a_2, a_3, b が重みとなっています。実はこの重みが畳み込み層の「フィルター」を表しており、z_2, z_3 も同じ重み（フィルター）を使用しています。図 C3.1 の (b) は、少し変則的ですがフィルターの大きさが 3 で、ストライドが 1 の畳み込み層を表しています。式からみると、畳み込み層は全結合層の拡張であることがわかります。

畳み込み層のパラメータ数をみると、a_1, a_2, a_3, b の 4 個しかありません。全結合層ではパラメータの数が 18 個でしたので、パラメータの数が畳み込み層ではとても少ないことがわかります。

ニューラルネットワークの層の数が増えると、全結合層はパラメータ数が膨大になりますが、畳み込み層ではパラメータ数が抑えられるため、CNN はディープな多層ネットワークに適したモデルといえます。

第4章

画像のクラス分類

　いよいよ実際にディープラーニング機を使用して、学習と推測を行います。初めに本章で利用する共通データを作成したあと、9層、16層、152層のネットワークを用いた学習と推測を行い、その推測精度の比較を行っていきます。

　本章の最後の節では、モデル単体の推測精度の向上ではなく、複数の処理を組み合わせながら、推測精度をさらに上げる手法を紹介します。

　本章以降で使用するサンプルプログラムは、オーム社のホームページからダウンロードし、そのまま実行することができます。

4.1 概要

本章ではCaltech 101の画像を利用し、画像のクラス分類を行います。表4.1は本章で使用する主なプログラムとその概要です。4.2節では共通データを作成します。4.3～4.6節では、作成した共通データを使用して6カテゴリのクラス分類を行い、モデルの推測精度を比較します。

表 4.1　第 4 章で使用するプログラム一覧

節	機能	使用データ	言語	フレームワーク	使用する主なプログラム名	備考
4-2	データ作成	Caltech 101	Python	—	migration_data_caltech101.py	Caltech 101から6クラスのデータを抽出
					data_augmentation.py	データ拡張
4-3	画像のクラス分類	Caltech 101の6カテゴリのデータ	Python	Keras	9_Layer_CNN.py	9層のニューラルネットワークを作成
4-4					VGG_16.py	VGG-16を使用（16層）
4-5			Lua	Torch	main.lua opts.lua dataloader.lua datasets/caltech101-gen.lua datasets/caltech101.lua models/init.lua average_outputs.py （その他）	ResNet-152を使用（152層） （本書のプログラムの参考にしたサイト） https://github.com/facebook/fb.resnet.torch
4-6			Python	Keras	multiple_model.py average_3models.py make_pseudo_label.py pseudo_model.py	9層のニューラルネットワークを使用 ・モデル平均 ・Stacked Generalization ・疑似ラベル

(1) 共通データの作成

4.2節では、4.3節以降で使用する共通データの作成を行います。101カテゴリに分類されたCaltech 101の画像データセットをダウンロードします。プログラム migration_data_caltech101.py を利用し、Caltech 101の101カテゴリから、画像数が比較的多い6カテゴリのデータセット（表1.1、P.8）を抽出します。クラス分類の学習をなるべく短時間で試すことができるように、カテゴリ数を減らしています。6カテゴリ、2,600画像を抽出します。

プログラム migration_data_caltech101.py は、次の3つのデータセットにランダムに振り分ける処理も行っています[†1]。

[†1] 一般的には、テストデータセットに教師データはありませんが、今回使用するCaltech 101の画像データセットはすべて教師データが付いているため、作成したテストデータセットにも教師データが付いています。

- トレーニングデータセット（261 画像）
- バリデーションデータセット（260 画像）
- テストデータセット（2,079 画像）

今回使用した Caltech 101 の画像は品質がとても高く、どのモデルでもクラス分類の正解率が高くなり、モデルによる推測精度の違いがわからなくなる可能性があるため、トレーニングデータセットのサンプル数を 261（2,600 サンプルの 1 割）と少なめに設定しました。トレーニングデータセットとバリデーションデータセットのサンプル数は同じ割合とし（約 50%）[†2]、残りをテストデータセットとして利用します。

学習時、ホールドアウト検証を 2 回行うので、プログラム migration_data_caltech101.py では、トレーニングデータセットとバリデーションデータセットを合わせたデータから、再度トレーニングデータセットを選び直し、トレーニングデータセットとバリデーションデータセットのペアをもう 1 組作成しています。トレーニングデータセットのサンプル数は、261 × 2（組）となります。

さらに 4.2 節では、プログラム data_augmentation.py を使用し、それぞれのデータセットを 5 倍の数に膨らませています[†3]。このデータ拡張により、各ホールドアウト検証のトレーニングデータセットのサンプル数は、261 × 5 = 1,305 になります。

(2) クラス分類の実行

テストデータセットも 5 倍にデータ拡張し、2,079 × 5 = 10,395 画像としています。ホールドアウト検証を 2 回行うので、最終的に 10 倍の 20,790 画像に対して、推測を行う形になります。20,790 画像に対してクラス分類を行い、クラス分類した結果を平均化し、2,079 画像の推測結果としています。

4.3 節では Keras を使用して、9 層の畳み込みニューラルネットワークを作成し、クラス分類を行います。4.4 節、4.5 節では学習済みモデルを利用してクラス分類を行います。表 4.2 は、本章で利用する学習済みモデルです。

[†2] 通常、トレーニングデータセットの割合を 80%～90% とし、残りをバリデーションデータセットにします。

[†3] コンピュータの演算時間を考慮し 5 倍としています。数十倍にデータ拡張する場合もあります。

表 4.2　第 4 章で使用する学習済みモデル

節	学習済みモデル名	URL（ダウンロード）	ファイル容量
4.4	VGG-16	https://gist.github.com/baraldilorenzo/07d7802847aaad0a35d3#contents Very Deep Convolutional Networks for Large-Scale Image Recognition, K. Simonyan, A. Zisserman, arXiv:1409.1556	約 530M バイト
4.5	ResNet-152	https://github.com/facebook/fb.resnet.torch/tree/master/pretrained	約 460M バイト

4.6 節では、9 層の畳み込みニューラルネットワークを用いて、推測精度をさらに上げる手法について紹介します。2015 年 3 月に行われた海中のプランクトンを分類する Kaggle の競技で優勝した、ゲント大学や Google DeepMind 社に所属するメンバーの合同チームが採用した方法です。Stacked Generalization という手法で疑似ラベルを作成し、Self Training を用いて推測精度を上げています。

4.2　共通データの作成

本書では「Anaconda」を使用しています。次のようにコマンドプロンプトが記載されている場合は、Anaconda の環境 main に入っている状態を表しています。

```
(main)$
```

Anaconda の環境 main に入るためには、次のコマンドを実行してください。

```
$ source activate main
```

Anaconda のインストールについては、1.4 節を参照してください。

4.2.1 画像データセットのダウンロード

ディープラーニング機のブラウザ Firefox で、以下の URL を開きます。

http://www.vision.caltech.edu/Image_Datasets/Caltech101

図 4.1 は Caltech 101 のトップページです。トップページの「101_ObjectCategories.tar.gz (131Mbytes)」をクリックしてダウンロードします。

図 4.1　Caltech 101 ダウンロード画面

ダウンロードした 101_ObjectCategories.tar.gz ファイルを ~/archives ディレクトリに配置したあと、コマンド 4.1 を実行し、データを ~/data ディレクトリに解凍します。

コマンド 4.1

```
$ cd ~/archives
$ tar xvf ./101_ObjectCategories.tar.gz -C ../data/
```

解凍後、Caltech 101 の画像データが、次のディレクトリに保存されます。

/home/taro/data/101_ObjectCategories

4.2.2　データの抽出と基本データセットの作成

Caltech 101 は 101 カテゴリに分類されています。この中から 6 カテゴリのデータセットを抽出し、さらに抽出されたデータセットをトレーニングデータセット、バリデーションデータセット、テストデータセットの 3 種類に振り分けます。表 4.3 は振り分け後の各データセットのサンプル数です。図 4.2 は Caltech 101 から抽出した 6 カテゴリのサンプル画像です。中央にオブジェクトが配置されている品質の良い画像です。

画像の抽出・振り分けに使用するプログラムは migration_data_caltech101.py です。このプログラムは、~/projects/4-2 ディレクトリに解凍・保存されています[†4]。

プログラムを実行する前に、Python の数値計算ライブラリ **NumPy** をインストールする必要があります。コマンド 4.2 を実行し、Anaconda の環境 main に NumPy をインストールします。

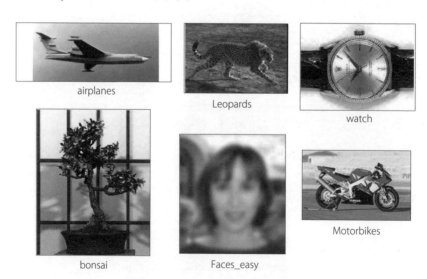

図 4.2　Caltech 101 のサンプル画像

[†4] 1.5 節「プログラムのダウンロード」の作業で、すでにプログラムが解凍・保存されています。

表 4.3 6カテゴリの基本データセット（サンプル数）

	トレーニングデータセット	バリデーションデータセット	テストデータセット	計
airplanes	80	80	640	800
Motorbikes	80	80	638	798
Faces_easy	44	43	348	435
watch	24	24	191	239
Leopards	20	20	160	200
bonsai	13	13	102	128
合計	261	260	2,079	2,600

コマンド 4.2

```
$ source activate main
(main)$ pip install numpy
```

次にコマンド 4.3 を実行し、データの抽出と振り分けを行います。

コマンド 4.3

```
$ cd ~/projects/4-2
$ source activate main
(main)$ python ./migration_data_caltech101.py
```

プログラムを実行すると、図 4.3 のようなディレクトリが作成されます。

ディレクトリ train および valid の配下に、0、1 の2つのディレクトリが作成されます。0 は1回目のホールドアウト検証用、1 は2回目のホールドアウト検証用のデータで、0、1 のそれぞれのディレクトリには、それぞれ6カテゴリのデータセットが保存されています。

2回目のホールドアウト検証用のデータ作成は、例えば「airplanes」についてみると、トレーニングデータセットとバリデーションデータセットを合わせた 160 サンプルを、再度トレーニングデータセットとバリデーションデータセットに振り分けることで行っています。

```
/home/taro/data/Caltech-101
              ├ label.csv
              ├ test    ←テストデータセット用ディレクトリ
              | ├ 0   ←クラス (airplanes)
              | ├ 1   ←クラス (Motorbikes)
              | ├ 2   ←クラス (Faces_easy)
              | ├ 3   ←クラス (watch)
              | ├ 4   ←クラス (Leopards)
              | └ 5   ←クラス (bonsai)
              ├ train   ←トレーニングデータセット用ディレクトリ
              | ├ 0   ←ホールドアウト1
              | └ 1   ←ホールドアウト2
              ├ train_org   ←コピーした6カテゴリのデータ
              | ├ 0   ←クラス (airplanes)
              | ├ 1   ←クラス (Motorbikes)
              | ├ 2   ←クラス (Faces_easy)
              | ├ 3   ←クラス (watch)
              | ├ 4   ←クラス (Leopards)
              | └ 5   ←クラス (bonsai)
              └ valid   ←バリデーションデータセット用ディレクトリ
                  ├ 0   ←ホールドアウト1
                  └ 1   ←ホールドアウト2
```

図4.3　データセットのディレクトリ構成

表4.4は、カテゴリ名（クラス名）と作成されたディレクトリ名の対応表です。

ここでは表4.3のようにデータを振り分けていますが、リスト4.1の変数 train_nums、valid_nums、test_nums を編集することにより、各データセットのサンプル数を変更することが可能です[5†]。

リスト4.1　migration_data_caltech101.py（抜粋）

```
# 学習、評価、テストに使用する件数を指定
train_nums = [80,80,44,24,20,13]
valid_nums = [80,80,43,24,20,13]
test_nums = [640,638,348,191,160,102]
```

---

†5　データセットの合計は変更することができません。例えば、「airplanes」は 80＋80＋640＝800 サンプルになる必要があります。

表4.4 カテゴリ名とディレクトリ名の対応表

ディレクトリ名	カテゴリ名
0	airplanes
1	Motorbikes
2	Faces_easy
3	watch
4	Leopards
5	bonsai

4.2.3 データ拡張と共通データセットの作成

初めに以下の①～④の手順で、各ライブラリをインストールします。最新のNumPyを使用すると、Kerasでのディープラーニング実行時、エラーが画面に表示される場合があるので、④でNumPyのダウングレードを行っています。

① Theano、Kerasなどをインストール

```
$ source activate main
(main)$ pip install Theano==0.8.2
(main)$ pip install Keras==1.0.8
(main)$ pip install h5py==2.6.0
(main)$ pip install pandas==0.19.0
(main)$ pip install matplotlib==1.5.3
```

② Open-CVをインストール

```
(main)$ source deactivate
$ conda install -c anaconda opencv
$ conda install -n main opencv
```

③ scikit-imageをインストール

```
$ source activate main
(main)$ pip install scikit-image==0.12.3
```

④ Numpyをダウングレード

```
$ source activate main
(main)$ pip install numpy==1.10.0
```

データ拡張は、画像データを回転、ずらし、ぼかし、ノイズ付加などをすることにより、データ量を増やす方法です。トレーニングデータセットが十分に準備できない場合にデータ拡張を行うと、良い結果が得られる場合があります。もちろん、トレーニングデータセットが多い場合でも、過学習を抑える効果もあるため、データ拡張は大きなメリットがあります。

　ここでは、Python の scikit-image ライブラリを利用して、元画像に対し、回転、拡縮、平行移動、せん断などの変換を行うことにより、新たな画像を生成します。生成した画像は元画像と同じクラスに属するものとして、データセットのサンプル数を増やしています。トレーニングデータセット、バリデーションデータセット、テストデータセットをそれぞれ 5 倍に増やします。

　使用するプログラムは data_augmentation.py です。data_augmentation.py は、~/projects/4-2 ディレクトリに解凍・保存されています。

　コマンド 4.4 を実行し、データ拡張を行います。

コマンド 4.4

```
$ cd ~/projects/4-2
$ source activate main
(main)$ python ./data_augmentation.py
```

　コマンドを実行すると、図 4.4 のようなディレクトリ構成が出来上がります。ディレクトリ all は、1 回目のホールドアウト検証用と 2 回目のホールドアウト検証用を合わせたデータで、これは 4.5 節「ResNet-152 でクラス分類」で使用します。

　valid は、ディレトクリ train と同じ構造です。

```
/home/taro/data/Caltech-101
            ├ label.csv
            ├ test
            │  ├ 0         ←データ拡張番号
            │  ├ 1
            │  ├ 2
            │  ├ 3
            │  ├ 4
            │  └ all
            ├ test_org
            ├ train
            │  ├ 0         ←ホールドアウト1
            │  │  ├ 0      ←データ拡張番号
            │  │  ├ 1
            │  │  ├ 2
            │  │  ├ 3
            │  │  └ 4
            │  │     ├ 0   ←クラス (airplanes)
            │  │     ├ 1   ←クラス (Motorbikes)
            │  │     ├ 2   ←クラス (Faces_easy)
            │  │     ├ 3   ←クラス (watch)
            │  │     ├ 4   ←クラス (Leopards)
            │  │     └ 5   ←クラス (bonsai)
            │  ├ 1         ←ホールドアウト2
            │  └ all       ←ホールドアウト1+2
            ├ train_org
            ├ valid
            └ valid_org
```

図 4.4 データ拡張後のディレクトリ構成

　教師データ、すなわちクラス名をディレクトリ名で表現しています。クラス名のディレクトリ（例えば 0 ディレクトリ）の配下に、該当するクラスの画像ファイルが複数保存されています。ディープラーニング実行時、このディレクトリ名をみて、教師データの情報をプログラム内の変数にセットします。

　図 4.5 はデータ拡張による画像の生成例です。生成後の画像は 224×224 ピクセルの大きさに統一しています。

図 4.5　データ拡張による画像の生成例

　データ拡張時の拡縮、回転などの画像変換パラメータは、リスト 4.2 のように指定します。1 枚の画像に対し、拡縮、回転などの 6 種類のすべての変換処理を実行し、新たな画像を生成します。

リスト 4.2　data_augmentation.py（抜粋）

```
# data_augmentation パラメータ
augmentation_params = {
    # 拡縮（アスペクト比を固定）　1倍
    'zoom_range': (1 / 1, 1),
    # 回転の角度　-15度〜15度以内
    'rotation_range': (-15, 15),
    # せん断（角度）　-20度〜20度以内
    'shear_range': (-20, 20),
    # 平行移動（ピクセル）　-30〜30以内
    'translation_range': (-30, 30),
    # 反転
    'do_flip': False,
    # 伸縮（アスペクト比を固定しない）縦横1/1.3〜1.3倍以内
    'allow_stretch': 1.3,
}
```

元の画像1枚に対し、5枚の画像（5倍）を生成しています。もっと多く画像データを増やしたい場合は、リスト4.3のxrangeの引数、および乱数発生用変数seedの定数5を変更します。

リスト4.3　data_augmentation.py（抜粋）

```
# 5倍に増やすので、5回繰り返す
for s in xrange(5):
    seed = cv * 5 + s
    np.random.seed(seed)
```

表4.5はデータ拡張後の各データセットのサンプル数です。

表4.5　データ拡張後のデータセット（サンプル数）

	ホールドアウト検証1回目		ホールドアウト検証2回目		all		テストデータセット
	トレーニングデータセット	バリデーションデータセット	トレーニングデータセット	バリデーションデータセット	トレーニングデータセット	バリデーションデータセット	
airplanes	400	400	400	400	800	800	3,200
Motorbikes	400	400	400	400	800	800	3,190
Faces_easy	220	215	220	215	440	430	1,740
watch	120	120	120	120	240	240	955
Leopards	100	100	100	100	200	200	800
bonsai	65	65	65	65	130	130	510
合　計	1,305	1,300	1,305	1,300	2,610	2,600	10,395

※「all」は「ホールドアウト検証1回目」と「ホールドアウト検証2回目」を合わせたデータ

画像データの前処理（pre-processing）は、ディープラーニング実行プログラムの内部で行っています。

4.3 9層のネットワークでクラス分類

学習済みモデルを利用する前に、Kerasを用いて一般的な9層のニューラルネットワークを作成し、ディープラーニングの「学習」と「推測」の基本的な流れを説明します。

Kerasに関しては、以下のサイトが参考になります。

①公式サイト　　https://keras.io/
②日本語サイト　https://keras.io/ja/

4.3.1 ネットワークの概要

ここで紹介する畳み込みニューラルネットワークは、畳み込み層（conv）6層、全結合層（fc）3層の計9層のモデルです。図4.6は9層の畳み込みニューラルネットワークのモデル構造を表しています。

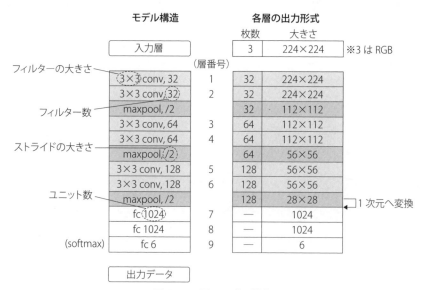

図 4.6　9層のモデル構造

畳み込み層（conv）には3×3のフィルターを使用しゼロパディングで入力と出力の大きさを同じにしています。プーリング層（pool）のプーリング領域のサイズは2×2、ストライドを2×2としています。プーリング層はMaxPoolingを用います。活性化関数はLeaky ReLUを使用し、出力層（fc 6）にはSoftmaxを活性化関数として使用します。Dropoutは全結合層（fc）の間にセットし、50％の割合でユニットをドロップします。

図4.6の「各層の出力形式」をみると、入力層は224×224ピクセルの大きさの画像を3枚（RGB）出力します。1層目の畳み込み層では、32個のフィルターに通して、224×224の大きさの特徴マップを32枚出力します。

5層目の畳み込み層は、56×56の大きさの特徴マップを128枚出力します。続く6層目の畳み込み層では、128個のフィルターに通して、56×56の大きさの特徴マップを128枚出力します。6層目のプーリング層では、特徴マップの枚数は変えずに、大きさを28×28に落としています。

7層目は全結合層（1次元）なので、(128, 28, 28)を一次元に変換してから、7層目に入力します。

4.3.2　学習とモデルの作成

9層の畳み込みニューラルネットワークを実行するプログラムは9_Layer_CNN.pyです。9_Layer_CNN.pyは、~/projects/4-3ディレクトリに解凍・保存されています。

プログラムを実行する前に、プログラムの内容についてポイントを説明します。

（1）データの読み込みと前処理

Pythonのglobライブラリを使用し、複数の画像が保存されているディレクトリから画像リストを取得します。この画像リストをもとに、画像を1枚ずつOpenCVを使用して読み込みます。画像を正規化処理に通し、画像の順番をシャッフルして、学習に使用する最終的な画像データを作成します。途中、画像をリサイズしていますが、今回は224×224ピクセルの大きさに、リサイズしています。

ディレクトリ名を利用し、ディレクトリ内の画像とクラス名を紐付けています。ディレクトリ名が1の場合、プログラム上では配列（0, 1, 0, 0, 0, 0)

のように6次元に変換し、教師データとしています。このように、配列の1つの要素が1で、他の要素がすべて0であるデータは **one-hot データ** と呼ばれています。

前処理（pre-proccessing）は、学習速度や推測精度に大きく関わる重要な処理です。画像は全体的な明るさやコントラストが違う場合がほとんどですが、その違いを吸収する方法が正規化です。ここでは **Global contrast normalization** を使用しています。

Global contrast normalizationは画像1枚ごとに、平均値$\bar{x}$と標準偏差σを求め、式（4.1）を用いて画像データの正規化を行います。ディープラーニングの学習時、推測時の両方に、同じ前処理を組み入れる必要があります。

$$x \leftarrow \frac{x - \bar{x}}{\sigma} \tag{4.1}$$

リスト4.4はデータの読み込みと正規化処理の記述例です。

リスト4.4　9_Layer_CNN.py（抜粋）

```
img_rows, img_cols = 224, 224

# 画像データ 1枚の読み込みとリサイズを行う
def get_im(path):

    img = cv2.imread(path)
    resized = cv2.resize(img, (img_cols, img_rows))

    return resized


# データの読み込み、正規化、シャッフルを行う
def read_train_data(ho=0, kind='train'):

    train_data = []
    train_target = []

    # 学習用データ読み込み
    for j in range(0, 6): # 0～5まで

        path = '../../data/Caltech-101/'
```

```
            path += '%s/%i/*/%i/*.jpg'%(kind, ho, j)

            files = sorted(glob.glob(path))

            for fl in files:

                flbase = os.path.basename(fl)

                # 画像 1枚 読み込み
                img = get_im(fl)
                img = np.array(img, dtype=np.float32)

                # 正規化(GCN)実行
                img -= np.mean(img)
                img /= np.std(img)

                train_data.append(img)
                train_target.append(j)
    # 読み込んだデータを numpy の array に変換
    train_data = np.array(train_data, dtype=np.float32)
    train_target = np.array(train_target, dtype=np.uint8)

    # (レコード数,縦,横,channel数) を (レコード数,channel数,縦,横) に変換
    train_data = train_data.transpose((0, 3, 1, 2))

    # target を 6次元のデータに変換。
    # ex) 1 -> 0,1,0,0,0,0   2 -> 0,0,1,0,0,0
    train_target = np_utils.to_categorical(train_target, 6)

    # データをシャッフル
    perm = permutation(len(train_target))
    train_data = train_data[perm]
    train_target = train_target[perm]

    return train_data, train_target
```

(2) モデル構造の作成

モデルの基本オブジェクトを Sequential で生成し、add 関数で層を追加することにより 9 層のモデルを作成します。リスト 4.5 は 9 層のモデルを作成するプログラム例です。

リスト 4.5　9_Layer_CNN.py（抜粋）

```python
# 9層 CNNモデル 作成
def layer_9_model():

    # KerasのSequentialをモデルの元として使用 ---①
    model = Sequential()

    # 畳み込み層(Convolution)をモデルに追加 ---②
    model.add(Convolution2D(32, 3, 3, border_mode='same',
      activation='linear',input_shape=(3, img_rows, img_cols)))
    model.add(LeakyReLU(alpha=0.3))

    model.add(Convolution2D(32, 3, 3, border_mode='same',
      activation='linear'))
    model.add(LeakyReLU(alpha=0.3))

    # プーリング層(MaxPooling)をモデルに追加 ---③
    model.add(MaxPooling2D((2, 2), strides=(2, 2)))

    model.add(Convolution2D(64, 3, 3, border_mode='same',
      activation='linear'))
    model.add(LeakyReLU(alpha=0.3))
    model.add(Convolution2D(64, 3, 3, border_mode='same',
      activation='linear'))
    model.add(LeakyReLU(alpha=0.3))
    model.add(MaxPooling2D((2, 2), strides=(2, 2)))

    model.add(Convolution2D(128, 3, 3, border_mode='same',
      activation='linear'))
    model.add(LeakyReLU(alpha=0.3))
    model.add(Convolution2D(128, 3, 3, border_mode='same',
      activation='linear'))
    model.add(LeakyReLU(alpha=0.3))
    model.add(MaxPooling2D((2, 2), strides=(2, 2)))
```

4.3 9層のネットワークでクラス分類

```
# Flatten層をモデルに追加  ---④
model.add(Flatten())
# 全結合層(Dense)をモデルに追加  ---⑤
model.add(Dense(1024, activation='linear'))
model.add(LeakyReLU(alpha=0.3))
# Dropout層をモデルに追加  ---⑥
model.add(Dropout(0.5))
model.add(Dense(1024, activation='linear'))
model.add(LeakyReLU(alpha=0.3))
model.add(Dropout(0.5))
# 最終的なアウトプットを作成。  ---⑦
model.add(Dense(6, activation='softmax'))

# ロス計算や勾配計算に使用する式を定義する。  ---⑧
sgd = SGD(lr=1e-3, decay=1e-6, momentum=0.9, nesterov=True)
model.compile(optimizer=sgd,
      loss='categorical_crossentropy', metrics=["accuracy"])
return model
```

以下の①〜⑧は、リスト 4.5 の機能説明です。

①モデルの基本オブジェクトの生成

`keras.models.Sequential` でモデルの基本オブジェクトを生成します。`add` 関数を使用してモデルに層を追加することができます。

②畳み込み層の追加

`add` 関数で畳み込み層（conv）を追加します。フィルターサイズを 3×3、フィルター数は 32、活性化関数には LeakyReLU を使用します。

`border_mode='same'` は、周りを「0」で埋めるゼロパディングを指示する引数です。ストライドが1のときは入力データと特徴マップのサイズが同じになるように調整します。ストライドの指定がないときは、初期値1がストライドに設定されます。

最初の畳み込み層には入力サイズを指定する必要がありますので、`input_shape=(3, 224, 224)` を指定します。3チャネル（RGB）、縦 224 ピクセル、横 224 ピクセルを指定しています。変数 `img_rows`, `img_cols` の値は 224 です。

③プーリング層の追加

　プーリング層（pool）を追加します。プーリング層にはMaxPoolingを使用します。プーリング領域のサイズを2×2、ストライドを2×2としていますので、画素数は1/4になります。

④データの一次元化

　全結合層（fc）への入力データは一次元である必要があります。Flattenをモデルに追加すると、データが一次元にまとめられます。

　　例）（128, 28, 28）⇒（100352）

⑤全結合層の追加

　全結合層（fc）を追加します。活性化関数にはLeakyReLUを使用し、100,352ユニットを1,024ユニットへ変換します。

⑥ドロップアウトの追加

　ドロップアウトを追加します。パラメータに0.5を指定していますので、1,024ユニットのうち、50%の512ユニットがドロップします。

⑦出力層の追加

　出力層として全結合層（fc）を追加します。6クラスに分類したいので、6ユニットを設定します。活性化関数はSoftmaxを使用します。

⑧損失関数などの設定

　重み更新には確率的勾配降下法（SGD）、損失関数にはクロスエントロピーを使用します。重み更新のパラメータにはlearning_rate（学習係数）= 0.001、learning_decay（学習係数の減衰率）= 0.000001、momentum（モメンタム）= 0.9、nesterov（Nesterov momentum）= Trueを指定しています。

(3) モデルの重みの初期化

　add関数で層を追加するとき、Kerasでは同時に重みの初期化を行っています。重みは次のような一次多項式のパラメータです。

$$y = a_1 x_1 + a_2 x_2 + \cdots + b$$

係数 a を $-X \sim X$ の範囲の一様乱数で生成し、切片（バイアス）b は0としています。X の値はglorot uniformアルゴリズムを使用して求めています。

(4) モデルの学習

　過学習を避けるために、ホールドアウト検証方式で学習を進めます。図4.7

はデータのディレクトリ構造です。ディレクトリtrainおよびvalidの配下に、0、1、allの3つのディレクトリがあります。0は1回目のホールドアウト検証用、1は2回目のホールドアウト検証用のデータセットです。ディレクトリallは今回使用しません。合計2回のホールドアウト検証を行うため、2回学習を行います。モデルの重みも2種類作成されます。

```
/home/taro/data/Caltech-101
            ├ train
            |  ├ 0      ←ホールドアウト1
            |  ├ 1      ←ホールドアウト2
            |  └ all    (4.5節で使用)
            └ valid
               ├ 0      ←ホールドアウト1
               ├ 1      ←ホールドアウト2
               └ all    (4.5節で使用)
```

図 4.7 ホールドアウト検証用データ

Kerasでは、次のようにmodel.fit関数を使用して順伝播、誤差計算、逆伝播を自動で行うことができます。

```
# CheckPointを設定。エポックごとにweightsを保存する。
cp = ModelCheckpoint
   ('./cache/model_weights_%s_%i_{epoch:02d}.h5'%(modelStr, ho),
   monitor='val_loss', save_best_only=False)

# train実行
model.fit(t_data, t_target, batch_size=64,
          nb_epoch=40,
          verbose=1,
          validation_data=(v_data, v_target),
          shuffle=True,
          callbacks=[cp])
```

model.fit関数の引数の内容は、以下のとおりです。

① t_data

トレーニングデータセットのデータ（学習用のデータ）を指定します。

② `t_target`

トレーニングデータセットのラベル（学習用のラベル、クラス情報）を指定します。

③ `batch_size`

バッチサイズを指定します。ここでは 64 を指定しています。

④ `nb_epoch`

学習終了エポック数には、過学習になりそうな大きめの値を設定します。ここでは学習終了エポック数を 40 に設定しています。

⑤ `verbose`

モデルの学習時、経過状況を画面に表示する場合は 1 を設定します。画面に表示しない場合は 0 を設定します。

⑥ `validation_data`

`v_data` にはバリデーションデータセットのデータ、`v_target` にはバリデーションデータセットのラベル（クラス情報）を指定します。1 エポックごとに、バリデーションデータセットを使用した、モデルの学習状況の評価値が画面に表示されます。

⑦ `shuffle`

`shuffle=True` にすると、1 エポックごとに学習データの順番がシャッフルされます。

⑧ `callbacks`

1 エポック終了するたびに呼び出されるコールバック関数を指定します。ここでは `ModelCheckpoint` 関数を使い、1 エポックごとの重みパラメータを保存するように設定しています。重みデータのファイル拡張子は h5 です。1 エポックごとにモデルの重みを保存しておくと、指定したエポック数のモデルの重みを使用し、テストデータセットの推測が実行できるようになります。

`ModelCehckpoint` 関数の引数に、`monitor='val_loss'`、`save_best_only=False` を指定しています。この引数を指定すると、「各エポック実行後の重みをすべて保存」します。`save_best_only` に `True` を指定した場合は、「`val_loss` の値が一番小さくなったエポックの重みのみを保存」します。`monitor` には `'val_acc'` も指定できます。

(5) モデル構造の保存

Kerasでは、プログラムで作成したモデルのニューラルネットワークの構造を保存することができます。リスト4.6はモデル構造を保存するプログラム例です。保存データのファイル拡張子は json です。

リスト4.6　9_Layer_CNN.py（抜粋）

```python
# モデルの構成を保存
def save_model(model, ho, modelStr=''):
    # モデルオブジェクトをjson形式に変換
    json_string = model.to_json()
    # カレントディレクトリにcacheディレクトリがなければ作成
    if not os.path.isdir('cache'):
        os.mkdir('cache')
    # モデルの構成を保存するためのファイル名
    json_name = 'architecture_%s_%i.json'%(modelStr, ho)
    # モデル構成を保存
    open(os.path.join('cache', json_name), 'w').write(json_string)
```

4.3.3　モデルの読み込みと推測の実行
(1) 保存したモデルの読み込み

保存したモデルの構造と重みデータを読み込みます。リスト4.7は、モデルの読み込みプログラム例です。

リスト4.7　9_Layer_CNN.py（抜粋）

```python
# モデルの読込み
def read_model(ho, modelStr='', epoch='00'):
    # モデル構成のファイル名
    json_name = 'architecture_%s_%i.json'%(modelStr, ho)
    # モデル重みのファイル名
    weight_name = 'model_weights_%s_%i_%s.h5'%(modelStr,
        ho, epoch)

    # モデルの構成を読込み、jsonからモデルオブジェクトへ変換
    model = model_from_json(open(os.path.join('cache',
        json_name)).read())
    # モデルオブジェクトへ重みを読み込む
    model.load_weights(os.path.join('cache', weight_name))
```

```
    return model
```

(2) テストデータセットの推測

　読み込んだモデルを利用し、テストデータセットに対しクラス分類を行います。モデルの学習では`model.fit`関数を使用しましたが、推測では`model.predict`関数を使用します。

　リスト4.8は推測実行プログラム例です。リスト4.8の①は5倍にデータ拡張されたデータの読み込み処理を行っています。2回のホールドアウト検証で作成した重みデータを使用して、②でそれぞれの推測を行っています。推測結果は、(データ拡張倍数)×(ホールドアウト検証回数)＝5×2＝10パターン作成されます。この10パターンの推測結果を③で平均化し、2,079画像の最終的な推測結果としています。

リスト 4.8　9_Layer_CNN.py（抜粋）

```python
# テストデータのクラスを推測
def run_test(modelStr, epoch1, epoch2):

    # クラス名取得
    columns = []
    for line in open("../../data/Caltech-101/label.csv", 'r'):
        sp = line.split(',')
        for column in sp:
            columns.append(column.split(":")[1])

    # テストデータが各クラスに分かれているので、
    # 1クラスずつ読み込んで推測を行う。
    for test_class in range(0, 6):

        yfull_test = []

        # データ拡張した画像を読み込むために5回繰り返す
        for aug_i in range(0,5):        # ---①

            # テストデータを読み込む
            test_data, test_id = load_test(test_class, aug_i)
```

```
            #print test_id

            # HoldOut 2回繰り返す
            for ho in range(2):

                if ho == 0:
                    epoch_n = epoch1
                else:
                    epoch_n = epoch2

                # 学習済みモデルの読み込み
                model = read_model(ho, modelStr, epoch_n)

                # 推測の実行
                test_p = model.predict(test_data, batch_size=128,
                    verbose=1)      # ---②

                yfull_test.append(test_p)

# 推測結果の平均化      ---③
test_res = np.array(yfull_test[0])
for i in range(1,10):
    test_res += np.array(yfull_test[i])
test_res /= 10

# 推測結果とクラス名、画像名を合わせる
result1 = pd.DataFrame(test_res, columns=columns)
result1.loc[:, 'img'] =
    pd.Series(test_id, index=result1.index)

# 順番入れ替え
result1 = result1.ix[:,[6, 0, 1, 2, 3, 4, 5]]

if not os.path.isdir('subm'):
    os.mkdir('subm')
sub_file =
    './subm/result_%s_%i.csv'%(modelStr, test_class)

# 最終推測結果を出力する
result1.to_csv(sub_file, index=False)
```

```
                # 推測の精度を計算する。
                # 一番大きい値が入っているカラムがtest_classであるレコードを探す
                one_column =
                    np.where(np.argmax(test_res, axis=1)==test_class)
                print ("正解数   " + str(len(one_column[0])))
                print ("不正解数  " +
                    str(test_res.shape[0] - len(one_column[0])))
```

4.3.4 実行例

（1）学習の実行

それでは、いよいよ学習と推測を実行してみましょう。4.2 節で作成した、データ拡張されたデータセットを使用します。

コマンド 4.5 を実行すると学習が開始されます。プログラム 9_Layer_CNN.py は、実行時の引数によって学習を行う処理と、推測を行う処理に分かれます。学習を実行する場合は、引数に train を与えます。

コマンド 4.5　学習を実行

```
$ cd ~/projects/4-3
$ source activate main
(main)$ export THEANO_FLAGS='mode=FAST_RUN,device=gpu0, \
floatX=float32,optimizer_excluding=conv_dnn'
(main)$ python 9_Layer_CNN.py train
```

プログラム 9_Layer_CNN.py は Keras を使用しています。Keras は Theano あるいは TensorFlow を利用可能ですが、初期設定では Theano が実行されます[6]。本書では Theano を利用しています。

cuDNN ライブラリを利用することで、GPU 演算の速度を向上させることができますが、一方で、実行するたびに計算結果が少し異なってしまう場合があります。そのため、本書では cuDNN を使用しない設定にしています[7]。コマンド 4.5 では、THEANO_FLAGS の設定に optimizer_excluding=conv_dnn を指定することにより、cuDNN を使用しない

---

[6]　本書で使用している Keras のバージョンは 1.0.8 です。新しいバージョンの Keras は TensorFlow が初期設定となっていますので注意が必要です。
[7]　フレームワーク Torch を利用した事例では cuDNN を使用しています。

設定にしています。cuDNN を使用する場合は、optimizer_excluding=conv_dnn をコマンドから外します。

device=gpu0 で、使用する GPU を指定します。GPU が 1 個搭載されているコンピュータの場合は gpu0 を指定します。device=gpu0 をコマンドから外すと、GPU を使用しない設定になります。

それではコマンド 4.5 を実行し、学習を開始しましょう[†8]。

学習を実行すると、図 4.8 のような学習実行画面が表示されます。図 4.8 は、1 回目のホールドアウト検証の学習が始まった画面です。1 回目のホールドアウト検証が終了すると、続いて 2 回目のホールドアウト検証が実行されます。

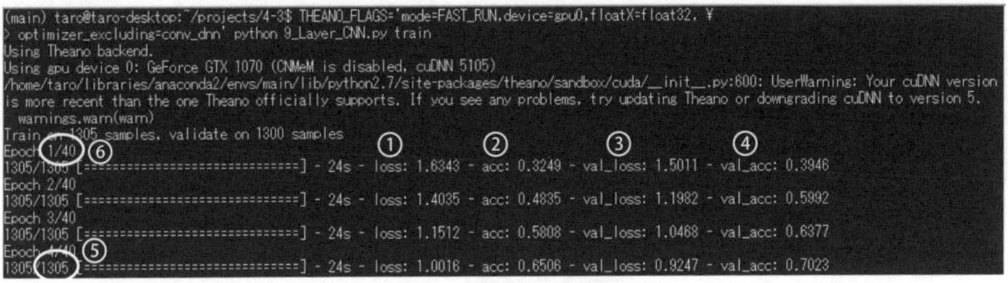

図 4.8　学習実行画面

図 4.8 の①〜⑥の表示内容は次のとおりです。

① training loss

トレーニングデータセットの全体の誤差[†9]を表しています。今回は損失関数にクロスエントロピーを使用してるので、クロスエントロピーを用いた全体の誤差の値が表示されます。

② training accuracy

現時点の重みを使用して求めたトレーニングデータセットの「推測値」と、トレーニングデータセットの「教師データ」から正解率を計算し表示します。

③ validation loss

バリデーションデータセットの全体の誤差[†9]を表示しています。

[†8] 画面に表示される内容をファイルにリダイレクトすると、結果の確認を効率的に行うことができます。
　　　例) (main)$ `python 9_Layer_CNN.py train > file01.dat`
[†9] ここでの全体の誤差は、サンプル数で割った値が表示されています。

④ validation accuracy

現時点の重みを使用して求めたバリデーションデータセットの「推測値」と、バリデーションデータセットの「教師データ」から正解率を計算し表示します。

⑤ トレーニングデータセットの数

学習に使用したトレーニングデータセットの数です。今回はデータ拡張された 1,305 サンプル（ホールドアウト検証 1 回目のデータ）を使用し学習を行っています。

⑥ エポック数

実行終了エポック数（40）と、現在のエポック数（1）が表示されます。

一般的には validation loss の値が最も小さい、あるいは validation accuracy の値が最も高いエポック数を、最適なエポック数として推測時に使用します。ここでは validation accuracy を使用します。図 4.8 の学習実行画面で、ホールドアウト検証 1 回目と 2 回目のそれぞれについて validation accuracy（val_acc）の値が最も高いエポック数を探します。

今回は学習終了エポック数を 40 としています。トレーニングデータセットのサンプル数も少ないので、学習時間は 40 分程度でした。しかし、GPU を使わずに CPU のみで学習を行うと 10 時間以上もかかりました。GPU の効果は大きいようです。

学習実行中、1 エポックごとにモデルの構造と重みのデータを、~/projects/4-3/cache ディレクトリに保存しています。モデルの構造や重みのファイル名は次のとおりです。モデルの重みデータの容量は、1 ファイルあたり約 700M バイトです。このファイルがエポック数分、複数作成されます。

- モデルの構造　`architecture_9_Layer_CNN_[HO番号-1].json`
- モデルの重み　`model_weights_9_Layer_CNN_[HO番号-1]_[エポック数-1].h5`

※ HO 番号：ホールドアウト検証番号

推測開始時にエポック数を指定することで、この 2 種類のファイルを読み込んで実行します。

(2) 推測の実行

今回の学習では、1回目のホールドアウト検証では32エポック、2回目のホールドアウト検証では27エポックがvalidation accuracyの値が最も高くなりました。このエポック数を推測実行時に引数として指定します。

コマンド4.6を実行し、テストデータセットに対して推測を実行します。python 9_Layer_CNN.pyの引数には、testとエポック数を指定します。

コマンド4.6 推測を実行

```
$ cd ~/projects/4-3
$ source activate main
(main)$ export THEANO_FLAGS='mode=FAST_RUN,device=gpu0, \
floatX=float32,optimizer_excluding=conv_dnn'
(main)$ python 9_Layer_CNN.py test 32 27
```

推測実行中は、図4.9のような進捗状況が画面に表示されます。初めに「airplanes」のテスト画像640枚に対し10回(「データ拡張倍数」×「ホールドアウト検証回数」)推測し、10回の平均を算出しています。このあと、「Motorbikes」「Faces_easy」などの推測が続きます。

図4.9 推測実行画面

推測が終了すると、./submディレクトリに、テストデータセットの個々の画像に対する推測結果が保存されます。推測結果のファイル名は次のとおりです。今回は、テストデータセットも教師データを持っているので、このように真のクラス別にファイルを作成しています。

- `result_9_Layer_CNN_0.csv`：真のクラス0（airplanes）
- `result_9_Layer_CNN_1.csv`：真のクラス1（Motorbikes）
- `result_9_Layer_CNN_2.csv`：真のクラス2（Faces_easy）
- `result_9_Layer_CNN_3.csv`：真のクラス3（watch）
- `result_9_Layer_CNN_4.csv`：真のクラス4（Leopards）
- `result_9_Layer_CNN_5.csv`：真のクラス5（bonsai）

　`result_9_Layer_CNN_0.csv`は、所属するクラスが「airplanes」であることがすでにわかっているテストデータセットを使用した推測結果です。図4.10は、この`result_9_Layer_CNN_0.csv`をExcelを使って表示した推測結果です。ここでは「airplanes」〜「bonsai」の6クラスの中で、確率が最も高いクラスを推測したクラスとしています。

	A	B	C	D	E	F	G
1	img	airplanes	Motorbikes	Faces_easy	watch	Leopards	bonsai
2	image_0161.jpg	**0.784**	0.073	0.109	0.020	0.000	0.014
3	image_0162.jpg	**0.850**	0.026	0.001	0.093	0.021	0.009
4	image_0163.jpg	**0.996**	0.003	0.001	0.000	0.000	0.000
5	image_0164.jpg	**0.649**	0.185	0.002	0.043	0.000	0.121
6	image_0165.jpg	**0.817**	0.183	0.000	0.000	0.000	0.000
7	image_0166.jpg	**0.652**	0.000	0.346	0.002	0.000	0.001
8	image_0167.jpg	**0.999**	0.001	0.000	0.000	0.000	0.000
9	image_0168.jpg	**0.972**	0.017	0.001	0.007	0.000	0.002
10	image_0169.jpg	**0.640**	0.013	0.001	0.172	0.000	0.174
11	image_0170.jpg	**0.820**	0.170	0.009	0.001	0.000	0.000
12	image_0171.jpg	**0.922**	0.077	0.000	0.000	0.000	0.000
13	image_0172.jpg	**0.983**	0.000	0.003	0.005	0.005	0.003
14	image_0173.jpg	**0.940**	0.035	0.001	0.000	0.000	0.024
15	image_0174.jpg	**0.999**	0.000	0.000	0.000	0.000	0.000
16	image_0175.jpg	**1.000**	0.000	0.000	0.000	0.000	0.000
17	image_0176.jpg	0.216	0.050	0.027	**0.504**	0.095	0.108
18	image_0177.jpg	**1.000**	0.000	0.000	0.000	0.000	0.000

※ `result_9_Layer_CNN_0.csv`をExcelを使用し小数点第3位まで表示

図4.10　「airplanes」画像のクラス分類結果（抜粋）

図 4.10 をみると、2 行目の image_0161.jpg は「airplanes」の確率 (0.784) が最大となり、「airplanes」と判定されているので正解です。しかし、17 行目の image_0176.jpg は「watch」の確率 (0.504) が最大となり、「watch」と判定されているため不正解となります。

このように、確率が最も高いクラスを推測したクラスとみて、6 つのすべてのファイルを集計し、正解率として表したものが表 4.6 です。

表 4.6　テストデータセットの正解率（9 層モデル）

		テストデータセットの真のクラス						合　計
		airplanes	motorbikes	faces_easy	watch	leopards	bonsai	
推測した クラス	正解	532	603	322	93	130	33	1,713
	不正解	108	35	26	98	30	69	366
	計	640	638	348	191	160	102	2,079
正解率		83.1%	94.5%	92.5%	48.7%	81.3%	32.4%	82.4%

全体では 82.4% の正解率でした。「watch」「bonsai」はトレーニングデータセットのサンプル数が少ないためか、正解率が低くなっています。

次節では、学習済みモデル VGG-16 を使用した学習および推測方法を紹介します。正解率が格段に上がります。

勾配消失問題と ReLU　COLUMN

　3.5 節「誤差逆伝播法」では、誤差信号が出力層側から入力層側へと順に伝播し、伝播した誤差信号をもとに、各層の重みを更新していく流れを説明しました。

　2 層程度のニューラルネットワークでは、誤差信号は入力層側まで正常に伝播しますが、ネットワークが多層になると、誤差信号が途中の隠れ層で消失、すなわち 0 になってしまうという問題があります。これを**勾配消失問題**といいます。このため、多層ニューラルネットワークでは学習がうまく進まず、2000 年頃まではニューラルネットワークの研究が低迷していました。

　しかし、Hinton 氏らが**制約ボルツマンマシン**（Restricted Boltzmann Machine, RBM）という手法を考案し、これが勾配消失問題を解決する大きな糸口になりました。制約ボルツマンマシンは、教師なし学習を用いて、入力層側から 1 層ずつ層を積み上げていく方法で、高層ビルを 1 階ずつ順に積み上げて建築する方法と似ています。このような学習方法は**事前学習**（pretraining）と呼ばれています。

　ところで、勾配消失問題はなぜ生じるのでしょうか？　その原因を考えてみます。

　図 3.8（P.66）の計算式では、活性化関数を特定していませんでした。ここではシグモイド関数を活性化関数として考えてみます。シグモイド関数を活性化関数 $f(Z)$ とすると、その微分は式（C4.1）のようになります。

$$f'(Z) = f(Z) \circ (1 - f(Z)) \tag{C4.1}$$

式（C4.1）を用いると、図 3.8 の計算式は図 C4.1 のように表すことができます。

$$\delta_3 = (Y - t) \circ (f_3(Z_3) \circ (1 - f_3(Z_3)))$$

$$\delta_2 = \left((W_3)^T \delta_3\right) \circ (f_2(Z_2) \circ (1 - f_2(Z_2)))$$

$$\delta_1 = \left((W_2)^T \delta_2\right) \circ (f_1(Z_1) \circ (1 - f_1(Z_1)))$$

活性化関数がシグモイド関数の場合、最大値は 0.25

※記号「∘」はアダマール積、行列の成分ごとの積

図 C4.1　誤差信号の伝播計算（シグモイド関数を使用）

図 C4.1 をみると、δ_1 を求めるまでに $f(Z) \circ (1 - f(Z))$ が 3 回掛け合わされています。式（C4.1）の右辺 $f(Z) \circ (1 - f(Z))$ は最大で 0.25 の値をとる二次関数です。仮に最大の 0.25 をとったとしても、δ_1 の値を求めるまでに、$0.25^3 ≒ 0.016$ 倍に薄まった誤差が伝播される形になります。

これは 3 層のニューラルネットワークのケースですが、10 層にもなると状況はさらに悪化し、入力層側の誤差は $0.25^{10} ≒ 0.000001$ 倍に薄まってしまいます。これが多層で発生する勾配消失問題の原因の 1 つです。シグモイド関数は、脳のシナプスの伝達を模倣したものといわれていますが、多層化には向いていなかったようです。

ここで、活性化関数として **ReLU** を利用した場合を考えてみます。ReLU は定義域が正のときは恒等写像となり、微分は $f'(Z) = 1$ になります。1 は何回かけても 1 なので、入力層側への誤差は薄まることがありません。すなわち、ReLU は多層化に向いている活性化関数といえます。ドロップアウトのような優れたアルゴリズムや、活性化関数に ReLU や Leaky ReLU を使用することにより、比較的容易に多層ニューラルネットワークを作成することができるようになりました。このため事前学習は、最近ではほとんど用いられなくなったようです。

しかしながら、ReLU を使えば一気に高性能な多層ニューラルネットワークが作成できるということではありません。コラム「VGG-16 の作成経緯」(P.120) では、16 層のニューラルネットワークの作成経緯を紹介しています。

4.4 VGG-16 でクラス分類—16 層の学習済みモデル

4.4.1 VGG-16 の概要

VGG はオックスフォード大学の Visual Geometry Group[10]（大学の研究室）の略称です。VGG に所属する Karen Simonyan 氏と Andrew Zisserman 氏の 2 人が、VGG というチーム名で ILSVRC に参加し[11]、そこで作成した学習済みモデルが **VGG-16** と呼ばれています。VGG チームは ILSVRC 2014 で第 2 位を獲得しました。

図 4.11 は VGG-16 のモデル構造を表しています。16 層の畳み込みニューラ

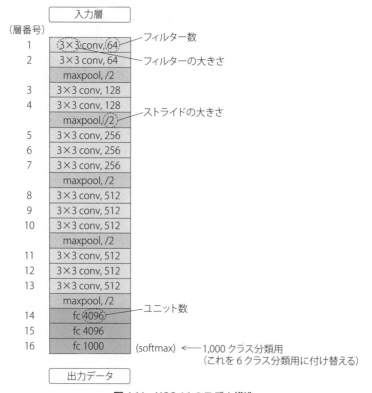

図 4.11 VGG-16 のモデル構造

---

[10] ホームページ http://www.robots.ox.ac.uk/~vgg
[11] Karen Simonyan & Andrew Zisserman, Very Deep Convolutional Networks for Large Scale Image Recognition, v6, 2015

ルネットワークで、前節の9層と比べると、畳み込み層とプーリング層の組み合わせの数が増えています。

　VGGチームは、この16層の畳み込みニューラルネットワークでImageNetの画像を用いて学習を進め、1,000カテゴリのクラス分類を行いました。競技会ILSVRCでは、1,000クラスに分類することが課題であったため、図4.11のように出力層（fc 1000）のユニット数が1,000となっています。今回は6クラスの分類なので、出力層を6クラス分類用の「fc 6」（6ユニット）に付け替える必要があります。

　16層の畳み込みニューラルネットワークは、11層の畳み込みニューラルネットワークをベースに建て増しする形で構築されています。詳しくはコラム「VGG-16の作成経緯」（P.120）を参照してください。

4.4.2　プログラムの概要
(1) VGG-16の利用方法

　ここで使用するプログラムは、前節のKerasを使用した9層のプログラム9_Layer_CNN.pyをベースにしています。9_Layer_CNN.pyを、次の①〜③の手順で変更し、VGG_16.pyを作成しています。

① 9_Layer_CNN.pyのモデル作成の部分を、9層から16層の畳み込みニューラルネットワークの構造に変更します。初めに、出力層を除いた1〜15層までの構造を作成します。
② VGG-16の重みを、15層の畳み込みニューラルネットワークの構造に流し込みます（VGG-16の重みを初期値としてセットする）。
③ 出力層に6クラス分類用の「fc 6」（6ユニット）を付けます。これで合計16層になります。

　このように、VGG-16の重みをモデルの初期値として与え、その後6カテゴリのトレーニングデータセットを使用して再学習（**Fine-tuning**）します。このような学習方法は**転移学習**と呼ばれています。

(2) モデルの作成

　使用するプログラムはVGG_16.pyです。VGG_16.pyは、~/projects/4-4ディレクトリに解凍・保存されています。VGG_16.pyで利用

する「学習済みモデル VGG-16」の重みデータは、以下の URL の「vgg16_weights.h5」のリンクからダウンロードすることが可能です[†12]。

https://gist.github.com/baraldilorenzo/07d7802847aaad0a35d3#contents

vgg16_weights.h5 は約 530M バイトの容量です。vgg16_weights.h5 をダウンロードし、~/data/VGG16 に配置します。各データセットは 4.2 節で作成したデータを使用します。

リスト 4.9 は VGG-16 用のモデル作成プログラムです。

リスト 4.9 VGG_16.py（抜粋）

```
# VGG-16 モデル 作成
def vgg16_model():

    # KerasのSequentialをモデルの元として使用    ---①
    model = Sequential()

    model.add(ZeroPadding2D((1, 1), input_shape=(3, 224, 224)))
    model.add(Convolution2D(64, 3, 3, activation='relu'))
    model.add(ZeroPadding2D((1, 1)))
    model.add(Convolution2D(64, 3, 3, activation='relu'))
    model.add(MaxPooling2D((2, 2), strides=(2, 2)))

    model.add(ZeroPadding2D((1, 1)))
    model.add(Convolution2D(128, 3, 3, activation='relu'))
    model.add(ZeroPadding2D((1, 1)))
    model.add(Convolution2D(128, 3, 3, activation='relu'))
    model.add(MaxPooling2D((2, 2), strides=(2, 2)))

    model.add(ZeroPadding2D((1, 1)))
    model.add(Convolution2D(256, 3, 3, activation='relu'))
    model.add(ZeroPadding2D((1, 1)))
    model.add(Convolution2D(256, 3, 3, activation='relu'))
    model.add(ZeroPadding2D((1, 1)))
    model.add(Convolution2D(256, 3, 3, activation='relu'))
    model.add(MaxPooling2D((2, 2), strides=(2, 2)))
```

[†12] 本節で使用する VGG-16 の重みデータは、Caffe 用のデータを Keras 用に変換したデータです。
Very Deep Convolutional Networks for Large-Scale Image Recognition K. Simonyan, A. Zisserman arXiv:1409.1556

```
model.add(ZeroPadding2D((1, 1)))
model.add(Convolution2D(512, 3, 3, activation='relu'))
model.add(ZeroPadding2D((1, 1)))
model.add(Convolution2D(512, 3, 3, activation='relu'))
model.add(ZeroPadding2D((1, 1)))
model.add(Convolution2D(512, 3, 3, activation='relu'))
model.add(MaxPooling2D((2, 2), strides=(2, 2)))

model.add(ZeroPadding2D((1, 1)))
model.add(Convolution2D(512, 3, 3, activation='relu'))
model.add(ZeroPadding2D((1, 1)))
model.add(Convolution2D(512, 3, 3, activation='relu'))
model.add(ZeroPadding2D((1, 1)))
model.add(Convolution2D(512, 3, 3, activation='relu'))
model.add(MaxPooling2D((2, 2), strides=(2, 2)))

model.add(Flatten())
model.add(Dense(4096, activation='relu'))
model.add(Dropout(0.5))
model.add(Dense(4096, activation='relu'))
model.add(Dropout(0.5))

# VGG16 pre-trainedモデルの読み込み      ---②
f = h5py.File('../../data/VGG16/vgg16_weights.h5')
for k in range(f.attrs['nb_layers']):
    if k >= len(model.layers):
        # we don't look at the last (fully-connected) layers
        # in the savefile
        break
    g = f['layer_{}'.format(k)]
    weights = [g['param_{}'.format(p)]
               for p in range(g.attrs['nb_params'])]
    model.layers[k].set_weights(weights)
f.close()

# 最終的なアウトプットを作成      ---③
model.add(Dense(6, activation='softmax'))

# ロス計算や勾配計算に使用する式を定義する。
sgd = SGD(lr=1e-3, decay=1e-6, momentum=0.9, nesterov=True)
```

```
model.compile(optimizer=sgd,
    loss='categorical_crossentropy', metrics=["accuracy"])
return model
```

①で 15 層までの構造を作成しています。ここではゼロパディングに、ZeroPadding2D 関数を使用しています。

②では VGG-16 の重みデータを読み込み、15 層までの重みをセットしています。モデルの構造はリスト 4.9 のようにプログラムで作成しているので、ここでは重みデータのみを読み込んでいます。

最後に③で、6 クラス分類用の出力層を付け加えています。

4.4.3 実行例
(1) 学習の実行

コマンド 4.7 を実行すると学習が開始されます。学習終了エポック数（nb_epoch）には 10 を設定しました。学習は約 1 時間で終了します。

コマンド 4.7

```
$ cd ~/projects/4-4/
$ source activate main
(main)$ export THEANO_FLAGS='mode=FAST_RUN,device=gpu0,floatX=float32, \
optimizer_excluding=conv_dnn'
(main)$ python VGG_16.py train
```

(2) 推測の実行

学習終了後、各ホールドアウト検証で validation accuracy（val_acc）の値が最も高いエポック数を、推測実行時に引数として指定します。今回は 10 エポックと 4 エポックを指定しました。コマンド 4.8 を実行すると、テストデータセットに対する推測を開始します。

4.4　VGG-16でクラス分類―16層の学習済みモデル

コマンド4.8

```
$ cd ~/projects/4-4/
$ source activate main
(main)$ export THEANO_FLAGS='mode=FAST_RUN,device=gpu0,floatX=float32, \
optimizer_excluding=conv_dnn'
(main)$ python VGG_16.py test 10 4
```

推測が終了すると、./submディレクトリにテストデータセットに対する推測結果が保存されます。この推測結果を集計し、正解率として表したものが表4.7です。

表4.7　テストデータセットの正解率（VGG-16モデル）

		テストデータセットの真のクラス						合　計
		airplanes	motorbikes	faces_easy	watch	leopards	bonsai	
推測したクラス	正解	640	638	345	176	160	96	2,055
	不正解	0	0	3	15	0	6	24
	計	640	638	348	191	160	102	2,079
正解率		100.0%	100.0%	99.1%	92.1%	100.0%	94.1%	98.8%

9層のモデル（表4.6）と比べると、VGG-16を利用したモデル（表4.7）の正解率は98.8%となり、正解率が大幅に上昇していることがわかります。このように、学習済みモデルを利用すると優れた性能を発揮しますが、学習済みモデルの利用については、新たに学習する「データセットの画像」と、学習済みモデル作成時に使用した「ImageNetの画像」との類似性を考慮する必要があります。

VGG-16 の作成経緯　　COLUMN

VGG-16 は、以下の資料に詳しく記載されています。

Karen Simonyan & Andrew Zisserman, Very Deep Convolutional Networks for Large-Scale Image Recognition, v6, 2015
　URL　https://arxiv.org/abs/1409.1556

図 C4.2 は、VGG-16 の作成経緯を表しています。初めに 11 層のモデル A を作成します。このモデル A をベースに、13 層（モデル B）、16 層（モデル C、モデル D）、19 層（モデル E）の作成を試みています。最後の 3 つの FC 層は、すべてのモデルで共通です。モデル D が VGG-16 ですが、VGG-16 に至るまでに、さまざまな努力をしている姿が見てとれます。

途中、LRN（Local Response Normalization）を組み入れたモデル A-LRN も試したようですが、LRN はあまり推測精度の向上に貢献しなかったようです。

初めに 11 層のモデルの学習を行い、11 層のモデルの上位の 4 層（畳み込

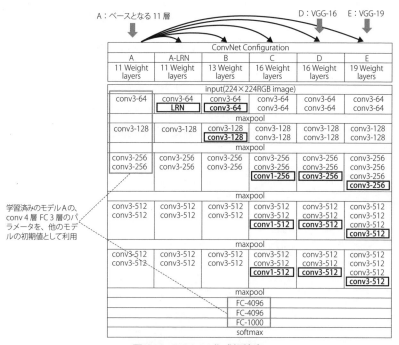

図 C4.2　VGG-16 作成経緯表

み層）と、最後の3つのFC層の学習済みの重みを、他のモデルの初期値として与えて、各モデルの学習を進めていったようです。11層のモデルをしっかり固めてから、その上にさらに層を積み増す形で多層化を実現しています。19層のモデルEはVGG-19と呼ばれています。

Kerasで層を途中に加える実装例を少し紹介します。モデルを親と子に分けて作成します。親オブジェクトの配下に子オブジェクトを作成し、子オブジェクトに対して層を加えます。

(1) 初めに子オブジェクトを2つ作成

```
conv1 = Sequential()
conv1.add(Convolution2D(64, 3, 3, border_mode='same',
    activation='relu', input_shape=(3, 224, 224)))
conv2 = Sequential()
conv2.add(Convolution2D(128, 3, 3, border_mode='same',
    activation='relu', input_shape=(64, 112, 112)))
```

(2) 親オブジェクトを作成し、2つの子オブジェクトを追加

```
model = Sequential()
model.add(conv1)
model.add(MaxPooling2D((2, 2)))
model.add(conv2)
model.add(MaxPooling2D((2, 2)))
```

ここまでで、図C4.3の(a)のような構造のモデルが作成されます。

(3) さらに、子オブジェクトに層を追加

```
conv1.add(Convolution2D(64, 3, 3, border_mode='same',
    activation='relu'))
```

子オブジェクト（conv1）に層を追加することにより、図C4.3の(b)のような3層モデルを作成することができます。2層のモデルで学習後、その重みを再度読み込んだうえで、3層で再学習を行います。

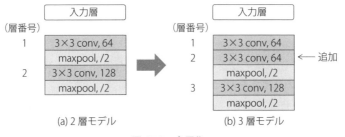

図C4.3　多層化

4.5 ResNet-152 でクラス分類―152 層の学習済みモデル

4.5.1 ResNet の概要

ResNet は Residual Network の略で、MSRA (Microsoft Research Asia) のメンバーによって考案されたモデルです[13]。MSRA は 152 層の ResNet-152 を使用して、2015 年の ILSVRC で、判定エラー率 3.57% という非常に高い推測精度で優勝しました。

ResNet の大きな特徴は、**shortcut connection** と呼ばれる、層と層をつなぐ方法です。

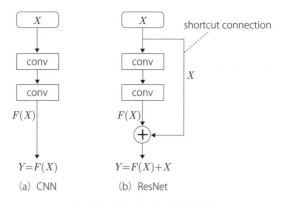

図 4.12　CNN と ResNet の比較

図 4.12 は、CNN(畳み込みニューラルネットワーク)と ResNet の基本構造を表しています。(b)ResNet をみると、2 つの畳み込み層を挟む形で、shortcut connection と呼ばれる線がつながっています。X を 3 つ先の層の入力値に加える形になっています。

図 4.12 の (b)ResNet の基本構造は、図 4.13 のようにも表すことができます。

図 4.13 では shortcut connection が 1 本の軸となり、それを補正するような形で 2 層の畳み込み層からの出力値 $F(X)$ が加算されています。このように、ResNet は 1 本の基本軸を与えることにより、安定した多層ニューラルネットワークの構築を可能にしています[14]。

---

[13] Kaiming He, Xiangyu Zhang, Shaoqing Ren, Jian Sun: Deep Residual Learning for Image Recognition

[14] 逆伝播実行時、誤差信号が直接上位層に伝わるため、勾配消失問題の発生を抑えることができます。

4.5 ResNet-152でクラス分類—152層の学習済みモデル

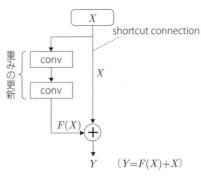

図 4.13 ResNetの基本構造

このような構造には、図 4.14 のように直列型と並列型があります。
U字型（並列型）のネットワークについては第5章で紹介します。

ResNetにおける学習は、畳み込み層の重みを適切に更新することです。例えば、図 4.13 では2層の畳み込み層の重みを更新します。この更新には、2層

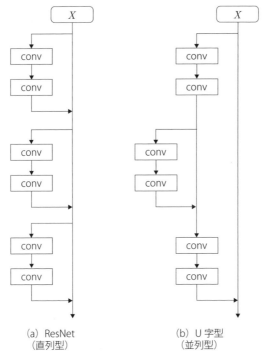

(a) ResNet　　　　(b) U字型
（直列型）　　　　（並列型）

図 4.14 ショートカット構造の例

の畳み込み層の推測値 $F(X)$ の値が必要ですが、モデルの変数を減らすために、保持する変数を入力値 X と（合算後の）Y とすれば、変数 $F(X)$ の値は次のような式で随時計算して求めることができます。

$$F(X) = Y - X \tag{4.2}$$

式（4.2）の右辺 $Y - X$ は残差（residual）と呼ばれており、ResNet は、この残差を計算しながら逆伝播を行い、重みを更新していきます。

順伝播時、X と $F(X)$ の加算は画素単位で行います。このため、X と $F(X)$ は同じ大きさでなければならず、ゼロパディングなどを使用して、工夫する必要があります。

図 4.15 は 34 層の ResNet のモデル図の一部です。直列に shortcut connection の構造が接続されて、多層化されていることがわかります。図 4.15 では、フィルターのサイズが 3×3、フィルター数が 256 の畳み込み層を使用しています。

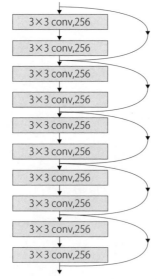

図 4.15　ResNet-34 のモデル図（一部）

4.5.2　実行環境のインストール

ResNet の学習済みモデルが充実しているため、ここではフレームワークとして Torch（言語：Lua）を使用します。Torch に関しては、以下のサイトが参考になります。

① torch/tutorials
　　https://github.com/torch/tutorials
② andresy/mnist
　　https://github.com/andresy/mnist
③ soumith/imagenet-multiGPU.torch
　　https://github.com/soumith/imagenet-multiGPU.torch

コマンド 4.9 は Torch のインストール例です。

コマンド 4.9

```
$ sudo apt-get install git
$ git clone https://github.com/torch/distro.git ~/libraries/torch/ --recursive
$ cd ~/libraries/torch/
$ bash install-deps
$ ./install.sh
$ cd ~
```

途中、インストール場所を環境パスに追加するかの問い合わせがあるので、yes と入力して Enter キーを押します。最後に以下のコマンドを実行します。

```
$ source ~/.bashrc
```

インストール後、確認のために以下のコマンドを実行します。

```
$ th
```

正常にインストールが完了している場合は、Torch が対話モードで立ち上がります。対話モードは Ctrl+C を 2 回押すことで抜けることができます。

最後に csv 保存用モジュールをインストールします。

```
$ luarocks install csvigo
```

4.5.3 プログラムの概要

ここでは、152 層の「学習済みモデル ResNet-152」を使用したプログラムを紹介します。

(1) プログラムとディレクトリの構成

今回使用するプログラムは、以下の URL で公開されているプログラムを主に使用しています。

https://github.com/facebook/fb.resnet.torch

表 4.8 は使用するプログラムの一覧です。公開されているプログラムのうち、本書用に修正、あるいは新規に作成したものに※印を付けています。

表 4.8 のプログラムは、~/projects/4-5 ディレクトリに解凍・保存されています。

モデル作成の定義は、resnet.lua プログラムの createModel 関数で行っています。createModel 関数には、ImageNet 用に作成された 18 層、34 層、50 層、101 層、152 層のモデル作成プログラムが記載されています。

「学習済みモデル ResNet-152」のモデル構造と重みデータは、次ページの URL の「ResNet-152」のリンクからダウンロードします。

表 4.8 使用プログラム一覧

		プログラム名など
使用するプログラム		checkpoints.lua
	※	dataloader.lua
	※	main.lua
	※	opts.lua
	※	train.lua
		datasets/init.lua
	※	datasets/transforms.lua
	※	datasets/caltech101-gen.lua
	※	datasets/caltech101.lua
		models/init.lua
		models/resnet.lua
	※	average_outputs.py
ライセンス関連ファイル		LICENSE
		PATENTS

※印は修正、あるいは追加したプログラム

https://github.com/facebook/fb.resnet.torch/tree/master/pretrained#trained-resnet-torch-models

ダウンロードするファイル名は`resnet-152.t7`で、約460Mバイトの容量です。`resnet-152.t7`をダウンロードし、`~/projects/4-5/pretrained`に配置します。

この拡張子`t7`のデータには、モデルの構造と重みの両方が含まれています。`resnet-152.t7`をプログラムに読み込むと、自動的に152層のネットワーク構造と重みが内部にセットされます。読み込まれた出力層は1,000クラス分類用ですが、学習開始時の引数で6クラスを指定することで、出力層を6クラスに付け替えます。

図4.16はプログラムと学習済みモデル配置後のディレクトリ構成です。各データセットには4.2節で作成した、データ拡張後のデータを使用します。

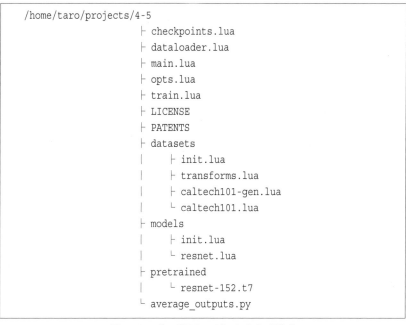

図4.16 プログラムのディレクトリ構成

(2) 利用方法
コマンドやプログラムのポイントをいくつか説明します。

①学習の実行方法
次のようなコマンドで、学習を実行します。

```
$ th main.lua -dataset caltech101 -data ~/data/Caltech-101 \
-retrain ./pretrained/resnet-152.t7 -resetClassifier true -nClasses 6 \
-LR 0.001 -batchSize 10 -nEpochs 10 -momentum 0.9 -weightDecay 0.0001
```

【プログラムの引数】

-dataset caltech101
　　前処理プログラムである caltech101-gen.lua、caltech101.lua の名前（下線）を指定します。

-data ~/data/Caltech-101
　　データセットがあるディレクトリを指定します。

-retrain ./pretrained/resnet-152.t7
　　学習済みモデル ResNet-152 を指定します。

-resetClassifier true -nClasses 6
　　出力層を 6 クラス分類用にセットすることを指示します。

-LR 0.001
　　学習係数に 0.001 を設定します。

-batchSize 10
　　バッチサイズに 10 を設定します。

-nEpochs 10
　　学習終了エポック数に 10 を設定します。

-momentum 0.9
　　モメンタムに 0.9 を設定します。

-weightDecay 0.0001
　　重み減衰に 0.0001 を設定します。

②推測の実行方法
次のようなコマンドで推測を実行します。

```
$ th main.lua -dataset caltech101 -data ~/data/Caltech-101 \
-retrain ./checkpoints/model_2.t7 -testOnly true
```

【プログラムの引数】

`-retrain ./checkpoints/model_2.t7`

　　事前の学習で保存したモデルのファイル名を指定します。このモデルを読み込んで推測を実行します。モデルのファイル名は次のとおりです。

　　　● モデルの構造と重み　model_[エポック数].t7

`-testOnly true`

　　学習ではなく、推測を行うことを指定します。

③ nesterov momentum の設定

　プログラム train.lua の中の Trainer:__init 関数で、nesterov=true として、nesterov momentum を設定しています。

④前処理

　リスト 4.10 のように画像の正規化を実行しています。ここでは、トレーニングデータセットの画像全体の平均値、標準偏差を RGB ごとに事前に求め、その平均値、標準偏差を使用して各画像を正規化しています。

リスト 4.10　datasets/caltech101.lua（抜粋）

```
function CaltechDataset:preprocess()
   if self.split == 'train/all' then
      return t.Compose{
         t.ColorNormalize(meanstd)    // ←正規化処理
      }
      (中略)
   end
end
```

⑤重み更新処理

　リスト 4.11 のように重みを更新しています。

リスト4.11　train.lua（抜粋）

```
function Trainer:train(epoch, dataloader)
   (中略)
   self.model:training()
   for n, sample in dataloader:run() do
      local dataTime = dataTimer:time().real
      -- Copy input and target to the GPU
      self:copyInputs(sample)
      local output = self.model:forward(self.input):float()   // ---(a)
      local batchSize = output:size(1)
      local loss = self.criterion:forward(
         self.model.output, self.target)   // ---(b)
      self.model:zeroGradParameters()        // ---(c)
      self.criterion:backward(self.model.output, self.target)   // ---(d)
      self.model:backward(self.input, self.criterion.gradInput)// ---(e)
      optim.sgd(feval, self.params, self.optimState)   // ---(f)
      (中略)
   end
   return top1Sum / N, top5Sum / N, lossSum / N
end
```

　リスト4.11の(a)で順伝播、(b)で損失を計算し（誤差計算）、(c)で勾配をいったんクリアし、(d)(e)で逆伝播、(f)でSGDを使用し重みの更新を行っています。

⑥学習係数の減衰率

　リスト4.12のように、`local decay=0`とし、学習係数の減衰率は0としています。

リスト4.12　train.lua（抜粋）

```
function Trainer:learningRate(epoch)
   -- Training schedule
   local decay = 0
        (中略)
end
```

4.5.4 実行例
(1) 学習の実行

コマンド 4.10 で学習を実行します。キャッシュデータを削除するために、コマンド 4.10 の①を実行しています。学習時間は 10 エポックで約 17 分程度です。

コマンド 4.10

```
$ cd ~/projects/4-5
$ rm -rf ./gen     # ---①
$ th main.lua -dataset caltech101 -data ~/data/Caltech-101 \
-retrain ./pretrained/resnet-152.t7 -resetClassifier true -nClasses 6 \
-LR 0.001 -batchSize 10 -nEpochs 10 -momentum 0.9 -weightDecay 0.0001
```

これまでのプログラムではホールドアウト検証を 2 回行い、結果を平均していましたが、ここではホールドアウト検証 2 回分のデータをまとめて読み込み、ホールドアウト検証を 1 回実行しています。図 4.17 は使用するデータセットのディレクトリ構成です。ディリクトリ all の中のデータセットを使用します。

```
/home/taro/data/Caltech-101
             ├ test
             |  └ all    (データ拡張後)
             ├ train
             |  └ all    ←ホールドアウト1+2（データ拡張後）
             └ valid
                └ all    ←ホールドアウト1+2（データ拡張後）
```

図 4.17　各データセットのディレクトリ構成

学習が始まると、図 4.18 のような学習状況が画面に表示されます。

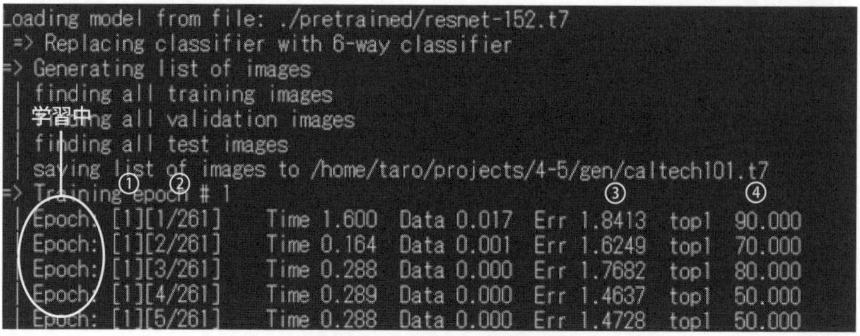

```
Loading model from file: ./pretrained/resnet-152.t7
=> Replacing classifier with 6-way classifier
=> Generating list of images
 | finding all training images
 | 学習中 all validation images
 | finding all test images
 | saving list of images to /home/taro/projects/4-5/gen/caltech101.t7
=> Training epoch # 1
 | Epoch: [1][1/261]    Time 1.600  Data 0.017  Err 1.8413  top1  90.000
 | Epoch: [1][2/261]    Time 0.164  Data 0.001  Err 1.6249  top1  70.000
 | Epoch: [1][3/261]    Time 0.288  Data 0.000  Err 1.7682  top1  80.000
 | Epoch: [1][4/261]    Time 0.289  Data 0.000  Err 1.4637  top1  50.000
 | Epoch: [1][5/261]    Time 0.288  Data 0.000  Err 1.4728  top1  50.000
```

図 4.18　学習実行画面

図 4.18 の左側の文字「Epoch」は、現在学習中であることを示しています。①はエポック数、②はミニバッチ数です。③はミニバッチの誤差、④はミニバッチの不正解率です。

1 エポックごとに、バリデーションデータセットの評価が実施されます。図 4.19 はバリデーションデータセットの評価画面です。

図 4.19 の左側の文字「Test」は、評価中であることを示しています。1 エポックごとの評価の最後に表示される①が、1 エポックでのバリデーションデータセットの不正解率です。図 4.19 ではバリデーションデータセットの不正解率が 0.077% になったことを表しています。

この 1 エポックごとに画面に表示されるバリデーションデータセットの不正解率をみて、最も不正解率が低いエポック数を推測時に使用します。

学習が始まると、~/4-5/checkpoints ディレクトリに、1 エポックごとの学習済みの重みデータが保存されます。ファイル名 model_1.t7 は 1

```
 | Test: [1][255/260]   Time 0.082  Data 0.000  top1  0.000 ( 0.078)
 | Test: [1][256/260]   Time 0.082  Data 0.000  top1  0.000 ( 0.078)   バリデーションデータセットの評価中
 | Test: [1][257/260]   Time 0.082  Data 0.000  top1  0.000 ( 0.078)
 | Test: [1][258/260]   Time 0.082  Data 0.000  top1  0.000 ( 0.078)
 | Test: [1][259/260]   Time 0.082  Data 0.000  top1  0.000 ( 0.077)
 | Test: [1][260/260]   Time 0.082  Data 0.000  top1  0.000 ( 0.077)
 * Finished epoch # 1   top1:  0.077    (1 エポック終了後)
 * Best model   0.076923076923077                               ①
=> Training epoch # 2                                    (2 エポック目の学習)
 | Epoch: [2][1/261]    Time 0.162  Data 0.014  Err 0.0207  top1  0.000
 | Epoch: [2][2/261]    Time 0.297  Data 0.000  Err 0.0031  top1  0.000
 | Epoch: [2][3/261]    Time 0.294  Data 0.000  Err 0.0233  top1  0.000
```

図 4.19　バリデーションデータセットの評価画面（1 エポック終了後）

エポック後の重みデータ、`model_2.t7` は 2 エポック後の重みデータです。保存データは 1 ファイルあたり約 450M バイトです。このデータには、6 クラス分類用の 152 層のモデル構造も含まれています。

図 4.20 は 2 エポック終了後の画面です。今回は 10 エポックを実行しましたが、2 エポックで不正解率が 0% となり、これがベストモデルとなりました。

```
| Test: [2][256/260]    Time 0.082  Data 0.000  top1  0.000 ( 0.000)
| Test: [2][257/260]    Time 0.082  Data 0.000  top1  0.000 ( 0.000)
| Test: [2][258/260]    Time 0.082  Data 0.000  top1  0.000 ( 0.000)
| Test: [2][259/260]    Time 0.082  Data 0.000  top1  0.000 ( 0.000)
| Test: [2][260/260]    Time 0.082  Data 0.000  top1  0.000 ( 0.000)
* Finished epoch # 2    top1:    0.000   (2エポック終了後)

* Best model  0
=> Training epoch # 3
| Epoch: [3][1/261]     Time 0.184  Data 0.023  Err 0.0068  top1  0.000
| Epoch: [3][2/261]     Time 0.302  Data 0.001  Err 0.0925  top1  0.000
```

図 4.20 バリデーションデータセットの評価画面（2 エポック終了後）

（2）推測の実行

これまでは、推測実行時にエポック数を引数に与えていましたが、ここでは重みデータファイル名を引数に指定します。

バリデーションデータセットの評価で、2 エポックで不正解率が（最も低い）0% となりました。推測には 2 エポック実行後の重みデータ `model_2.t7` を使用します。

コマンド 4.11 で、テストデータセットに対する推測を実行します。図 4.21 は推測実行中の画面表示例です。

コマンド 4.11

```
$ cd ~/projects/4-5
$ rm -rf ./gen
$ th main.lua -dataset caltech101 -data ~/data/Caltech-101 \
 -retrain ./checkpoints/model_2.t7 -testOnly true
```

```
| Test: [0][317/325]    Time 0.233  Data 0.000  top1  0.000  (  0.148)
| Test: [0][318/325]    Time 0.232  Data 0.000  top1  0.000  (  0.147)
| Test: [0][319/325]    Time 0.232  Data 0.000  top1  0.000  (  0.147)
| Test: [0][320/325]    Time 0.233  Data 0.000  top1  0.000  (  0.146)
| Test: [0][321/325]    Time 0.233  Data 0.000  top1  0.000  (  0.146)
| Test: [0][322/325]    Time 0.233  Data 0.000  top1  0.000  (  0.146)
| Test: [0][323/325]    Time 0.232  Data 0.000  top1  0.000  (  0.145)
| Test: [0][324/325]    Time 0.232  Data 0.000  top1  0.000  (  0.145)
| Test: [0][325/325]    Time 1.587  Data 0.000  top1  0.000  (  0.144)
* Finished epoch # 0    top1:    0.144

* Results top1:  0.144
```

図 4.21　推測実行中の画面表示

推測はデータ拡張された個々のデータに対して行います。例えば、「airplanes」では 3,200 画像に対して推測を行っています。~/projects/4-5 ディレクトリに outputs_resnet_0.csv ～ outputs_resnet_5.csv の計 6 ファイルが推測結果として保存されます。

この推測結果を元の画像（データ拡張前の画像）別に平均化するプログラムを、コマンド 4.12 で実行します。図 4.22 はプログラム実行中の画面表示例です。画面上にクラス別の集計結果が表示されます。

コマンド 4.12

```
$ cd ~/projects/4-5
$ source activate main
(main)$ python average_outputs.py
```

```
# accuracies
label 0: 640 / 640
label 1: 638 / 638
label 2: 346 / 348
label 3: 191 / 191
label 4: 160 / 160
label 5: 102 / 102
```

図 4.22　集計プログラムの画面表示

4.5 ResNet-152 でクラス分類—152 層の学習済みモデル

コマンド 4.12 を実行すると、~/projects/4-5 ディレクトリにテストデータセットの個々の画像に対する推測結果が保存されます。推測結果のファイル名は次のとおりです。

- `result_resnet_0.csv`：真のクラス 0（airplanes）
- `result_resnet_1.csv`：真のクラス 1（Motorbikes）
- `result_resnet_2.csv`：真のクラス 2（Faces_easy）
- `result_resnet_3.csv`：真のクラス 3（watch）
- `result_resnet_4.csv`：真のクラス 4（Leopards）
- `result_resnet_5.csv`：真のクラス 5（bonsai）

この推測結果を集計し、正解率として表したものが表 4.9 です。

表 4.9　テストデータセットの正解率（ResNet-152 モデル）

		テストデータセットの真のクラス						合計
		airplanes	motorbikes	faces_easy	watch	leopards	bonsai	
推測したクラス	正解	640	638	346	191	160	102	2,077
	不正解	0	0	2	0	0	0	2
	計	640	638	348	191	160	102	2,079
正解率		100.0%	100.0%	99.4%	100.0%	100.0%	100.0%	99.9%

VGG-16 を利用したモデル（表 4.7）の正解率も 98.8% と非常に高かったですが、ResNet-152 を利用したモデルでは、不正解は 2 画像のみで 99.9% の正解率になりました。Torch では cuDNN ライブラリを使用しているため、学習のたびに推測結果が若干変わる可能性があります。

このように画像のクラス分類では、学習済みモデルを利用すると、高い推測精度を得ることができます。

ベイズと半教師あり学習　COLUMN

　教師あり学習（Supervised Learning）は、入力データと教師データのペア（トレーニングデータセット）を用いて学習を進めます。教師データを入力データの関数として表し、関数の適切なパラメータを求めることを目標としています。

　一方、**教師なし学習**（Unsupervised Learning）は、教師データがない、入力データのみ（テストデータセットと同じ構造）を利用し学習を進めます。入力データの特徴量を求めることを目標に学習を行います。

　半教師あり学習（Semi-Supervised Learning）は、トレーニングデータセットに、テストデータセットを加えて学習することにより、推測精度をさらに高めることを目標にしています。現実世界をみると、教師データのないデータは大量にあるものの、教師データが付いているデータは少ない場合が多いため、半教師あり学習は有効な手法の1つといえます。

　半教師あり学習には、次のような手法があります。

- Self Training
- Graph-based SSL
- Generative Models

　Self Training は、トレーニングデータセットを用いて学習を進めたあと、テストデータセットの推測値（**疑似ラベル**）を求め、テストデータセットと疑似ラベルのペアをトレーニングデータセットに加えて、再度学習を行う方法です。品質の良い疑似ラベルのみをトレーニングデータセットに加える、あるいはすべての疑似ラベルを加えるなど、いくつか方法があります。4.6節で紹介する学習方法は、Self Training の手法を取り入れています。

　Graph-based SSL は、トレーニングデータセットとテストデータセットのすべての入力データを対象に、入力データの類似度を算出し、入力データをグラフ構造で表します。グラフ上には教師データが付属している入力データがありますが、グラフ上で近い入力データは、同じ教師データを持つ、という考え方です。

　Generative Models は、入力データの背後に潜在変数（隠れ変数）があるとし、入力データから潜在変数を求めます。ベイズの定理が基本となっています。

　男女5人の身長が、151 cm、154 cm、160 cm、170 cm、183 cm であるとき、この5人に対して、背後にある、男性・女性の確率（潜在変数）を推測してみます。表C4.1 の（a）は、入力データは5人の身長のみですが、(b)は、5人の身長の情報に加えて、Dの1人だけが「男性」であることがわかっています。5人のうち、この男性1人だけが教師データを持っています。表C4.1 の(a)は、

教師データがない「教師なし学習」用のデータで、(b) は 1 組のペアのみ教師データがある「半教師あり学習」用のデータです。

表 C4.1　教師なし学習と半教師あり学習の入力データ

(a) 教師なし学習用のデータ

	男女 5 人の身長				
	A	B	C	D	E
身長（cm）	151	154	160	170	183
男性の確率	?	?	?	?	?
女性の確率	?	?	?	?	?

(b) 半教師あり学習用のデータ

	男女 5 人の身長				
	A	B	C	D	E
身長（cm）	151	154	160	170	183
男性の確率	?	?	?	1	?
女性の確率	?	?	?	0	?

これらのデータをもとに、ベイズの定理を用いた **EM アルゴリズム** という手法を用いて、男性と女性の確率を推測した結果が表 C4.2 です。2 種類の正規分布があると仮定しています。

表 C4.2　EM アルゴリズムを用いた推測結果

(a) 教師なし学習での推測値

	男女 5 人の身長				
	A	B	C	D	E
身長（cm）	151	154	160	170	183
男性の確率	0.167	0.174	0.311	0.918	1.000
女性の確率	0.833	0.826	0.689	0.082	0.000

(b) 半教師あり学習での推測値

	男女 5 人の身長				
	A	B	C	D	E
身長（cm）	151	154	160	170	183
男性の確率	0.077	0.092	0.767	1	1.000
女性の確率	0.923	0.908	0.233	0	0.000

表 C4.2 の (b) をみると、D は男性であることが確定しているため、D に近い身長の C も男性であると判定されています。逆に A、B は女性である確率が、(a) のケースより高くなっています。

この Generative Models とディープラーニングを融合したモデルもすでに提案されてます。D. P. Kingma 氏らは **Deep Generative Models** を 2014 年に提案しました[15]。データセット MNIST を使用したクラス分類で、50,000 画像中わずか 100 画像にのみ教師データを付けた半教師あり学習で、誤答率 3.33% という良好な結果を得ています。

[15] Diederik P. Kingma, Danilo J. Rezendey, Shakir Mohamedy, Max Welling: Semi-supervised Learning with Deep Generative Models, 2014

4.6 推測精度のさらなる向上

4.6.1 概要

　ここでは、推測精度をさらに向上させる手法を紹介します。2015年3月に行われた、海中のプランクトンを分類するKaggleの競技「National Data Science Bowl」で優勝した、チーム「Deep Sea」が採用した方法です。この方法は、Deep SeaがKaggleのために独自に考案したというものではありません。Deep Seaのメンバーは、機械学習のいくつかの手法を駆使しながら推測精度を向上させました。使用した主な手法は次の3つです。

① 複数モデルの利用
② Self Training
③ Stacked Generalization

　ベースとしたモデルは、4.3節のKerasを利用した9層のモデルです。当初、ベースモデルにVGG-16を使用する予定でしたが、Caltech 101の画像品質が高く、学習済みモデルの推測精度がきわめて高かったため、ここでは推測精度がやや低かった9層をベースモデルとして使用しています。

　初めに、この3つの手法の概要を説明します。

(1) 複数モデルの利用

　モデルを複数作成し、それぞれの推測した結果を平均して、最終的な推測結果とする方法です。このような方法は**モデル平均**と呼ばれています。それぞれの推測結果を平均化することにより、推測精度の向上や、未知のテストデータに対する推測能力(**汎化性能**)を向上させることができます。

　基準となるモデルを1つ作成し、そのモデルを少し修正することにより複数のモデルを作成します。例えば、次のような方法があります。

① 入力層の画像の大きさを変えることにより、モデルパターンを増やす。
② プログラムの乱数のシード値を変えて、データの読み込み順を変えることにより、モデルパターンを増やす。

　ここでは乱数のシード値を変えて、3つのモデルを作成します。

(2) Self Training

Self Training は、半教師あり学習と呼ばれる手法の1つです。トレーニングデータセットを用いて学習を進めたあと、テストデータセットの「推測値」を求めます。テストデータセットと、この「推測値」のペアを、トレーニングデータセットに加えて再度学習を行います。これにより、テストデータセットが持つ特徴を加味した、モデルのパラメータ（重み）を学習することができます。このテストデータセットの「推測値」は、**疑似ラベル**（pseudo label）と呼ばれています。

Self Training では、疑似ラベルの精度が最終的な推測精度に大きな影響を与えます。そのため、ここでは次に述べる「Stacked Generalization」を使用し、精度の高い疑似ラベルを作成しています。また、テストデータセットの疑似ラベルのうち、精度の高い疑似ラベルのみを抽出し、トレーニングデータセットに加えるという方法をとっています。

Self Training はシンプルな方法で効果的ですが、データ量が増え、再度学習を行うため、数倍の演算時間を要します。

(3) Stacked Generalization

図 4.23 は一般的な推測の方法を表しています。

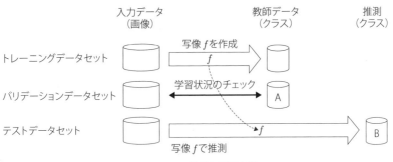

図 4.23　一般的な推測方法

トレーニングデータセットを用いて学習を行い、写像 f を求めます。バリデーションデータセットは、学習状況の評価のために使用しています。求めた写像 f を用いて、テストデータセットの推測を実行し、推測結果 B を求めます。

Stacked Generalization [†16] では、バリデーションデータセットの使い方が変わります。図 4.24 は Stacked Generalization を使用した推測方法です。

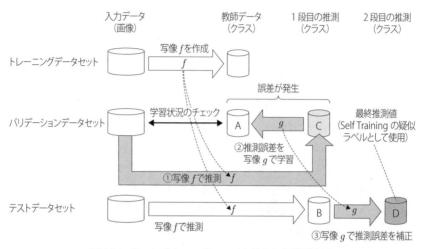

図 4.24　Stacked Generalization を使用した推測方法

写像 f を用いて、テストデータセットの推測を実行するところまでは同じですが、写像 f を用いて、さらにバリデーションデータセットの推測を実行し、推測値 C を作成します（図 4.24 の①）。バリデーションデータセットは、教師データ A を持っています。写像 f が完全であれば、教師データ A と推測値 C は同じになるはずです。ところが、実際には A と C は同じにはならず、多少の誤差が生じます。これと同じような誤差が、推測値 B にも存在すると考えられます。

この誤差を補正するための、C を A に変換する写像 g を新たに作成します（図 4.24 の②）。この補正を B に適用すれば、より高い精度の推測値が得られるはずです。そこで、写像 g で推測値 B の誤差を補正し、推測値 D を作成します（図 4.24 の③）。この推測値 D が、Stacked Generalization 方式で作成された最終的な推測値になります。この推測値 D を、Self Training の疑似ラベルとして使用します。ここでは写像 g として、単純な 2 層の全結合ニューラルネットワークを使用しています。

4.6 節で使用するプログラムは次の 4 つです。

[†16]　Wolpert, D.H., Stacked generalization. Neural Networks, 1992

① `multiple_model.py`
② `pseudo_model.py`
③ `average_3models.py`
④ `make_pseudo_label.py`

このプログラムは、`~/projects/4-6` ディレクトリに解凍・保存されています。

4.6.2　複数モデルの利用

4.2 節で作成した、データ拡張されたデータを使用します。ここでは 3 つのモデルを作成し、3 つのモデルの推測値の平均値を、最終的な推測値とします。4.3 節で使用した Keras 9 層モデルをベースとし、乱数のシード値を変えることにより、3 つの異なるモデルを作成します。乱数のシード値には、それぞれ 1, 2, 3 を使用します。

コマンド 4.13 を実行し、3 つのモデルの学習を行います。学習終了エポック数は 40 としています。引数には train と、モデルを区別するためのモデル番号を指定します。プログラム内部で、このモデル番号をもとに乱数のシード値を生成しています。

それぞれのモデルの学習実行時、画面にエポックごとの学習状況が表示されます。モデルごとに、ホールドアウト検証 1 回目と 2 回目について、validation accuracy（val_acc）の値が最も高いエポック数を記録しておきます。学習時間は約 1.5 時間でした。

コマンド 4.13

```
$ cd ~/projects/4-6
$ source activate main
(main)$ export THEANO_FLAGS='mode=FAST_RUN,device=gpu0, \
floatX=float32,optimizer_excluding=conv_dnn'
(main)$ python multiple_model.py train 1
(main)$ python multiple_model.py train 2
(main)$ python multiple_model.py train 3
```

次に推測を行います。今回の学習実行時、モデル 1 で val_acc が一番高くなったエポック数は次のようになりました。

- モデル1　ホールドアウト検証1回目（以下、1HO）：32エポック
- モデル1　ホールドアウト検証2回目（以下、2HO）：27エポック

以下同様にモデル2、モデル3は次のようになりました。

- モデル2　1HO：29エポック
- モデル2　2HO：33エポック
- モデル3　1HO：32エポック
- モデル3　2HO：40エポック

コマンド4.14のように、引数にtestとモデル番号、エポック数を与え、3つのモデルの推測を実行します。推測が終了すると、~/projects/4-6/submディレクトリにresult_multi_[モデル番号]_[クラス].csvファイルが作成されます。

コマンド 4.14

```
$ cd ~/projects/4-6
$ source activate main
(main)$ export THEANO_FLAGS='mode=FAST_RUN,device=gpu0, \
floatX=float32,optimizer_excluding=conv_dnn'
(main)$ python multiple_model.py test 1 32 27
(main)$ python multiple_model.py test 2 29 33
(main)$ python multiple_model.py test 3 32 40
```

最後にコマンド4.15を使用し、3つのモデルの推測結果の平均値を求めます。各モデルの推測結果は、各クラスの確率となります。画像ごとに3つのモデルの確率の平均値を求めます。

コマンド 4.15

```
$ cd ~/projects/4-6
$ source activate main
(main)$ python average_3models.py normal
```

コマンド4.15を実行すると、~/projects/4-6/submディレクトリにresult_average_[クラス].csvファイルが作成されます

これらのファイルを集計し、それぞれのモデルの正解率と、モデル平均の正

解率を比較したものが表 4.10 です。モデル 1 は、4.3 節の 9 層のモデルと同じモデルです。

モデル平均の正解率は 82.4% と伸びませんでした（表 4.10 の「モデル平均」）が、汎化性能は向上しているものと思います。

表 4.10　3 つのモデルとモデル平均の正解率

モデル 1　Seed=1

		テストデータセットの真のクラス						合計
		airplanes	motorbikes	faces_easy	watch	leopards	bonsai	
推測した クラス	正解	532	603	322	93	130	33	1,713
	不正解	108	35	26	98	30	69	366
	計	640	638	348	191	160	102	2,079
正解率		83.1%	94.5%	92.5%	48.7%	81.3%	32.4%	82.4%

モデル 2　Seed=2

		テストデータセットの真のクラス						合計
		airplanes	motorbikes	faces_easy	watch	leopards	bonsai	
推測した クラス	正解	451	616	327	105	141	40	1,680
	不正解	189	22	21	86	19	62	399
	計	640	638	348	191	160	102	2,079
正解率		70.5%	96.6%	94.0%	55.0%	88.1%	39.2%	80.8%

モデル 3　Seed=3

		テストデータセットの真のクラス						合計
		airplanes	motorbikes	faces_easy	watch	leopards	bonsai	
推測した クラス	正解	503	609	332	91	138	46	1,719
	不正解	137	29	16	100	22	56	360
	計	640	638	348	191	160	102	2,079
正解率		78.6%	95.5%	95.4%	47.6%	86.3%	45.1%	82.7%

モデル平均

		テストデータセットの真のクラス						合計
		airplanes	motorbikes	faces_easy	watch	leopards	bonsai	
推測した クラス	正解	502	608	330	99	136	39	1,714
	不正解	138	30	18	92	24	63	365
	計	640	638	348	191	160	102	2,079
正解率		78.4%	95.3%	94.8%	51.8%	85.0%	38.2%	82.4%

4.6.3 Stacked Generalization

次に、モデル平均で求めた推測結果を、Stacked Generalization を使用して推測精度を上げていきます。

初めに、図 4.24 の写像 g にあたるモデルを作成します。学習のための入力データ、教師データはそれぞれ次のとおりです。

- 入力データ
  バリデーションデータセットから写像 f で推測したデータ（図 4.24 の C）
- 教師データ
  バリデーションデータセットの教師データ（図 4.24 の A）

モデルは図 4.25 のような 2 層のニューラルネットワークを使用し、推測誤差を学習します。

図 4.25　2 層のネットワーク

写像 g にあたる学習後の 2 層モデルを用いて、モデル平均の推測結果（図 4.24 の B）を入力データとして、新たに推測を行います。学習および推測の実行は、コマンド 4.16 のとおりです。1 本のプログラムで、学習と推測を行っています。数分で学習と推測が終了します。学習終了エポック数は 3,500 とし、推測時も 3,500 エポックの重みを使用しています。

コマンド 4.16

```
$ cd ~/projects/4-6
$ source activate main
(main)$ export THEANO_FLAGS='mode=FAST_RUN,device=gpu0, \
floatX=float32,optimizer_excluding=conv_dnn'
(main)$ python make_pseudo_label.py
```

コマンド 4.16 を実行すると、~/projects/4-6/subm ディレクトリに、

pseudo_label_[クラス].csv ファイルが作成されます。これはテストデータセットの個々の画像に対する推測結果です。このファイルを集計し、正解率として表したものが表 4.11 です。Stacked Generalization 実施後の正解率は 82.6% で、これは Stacked Generalization 実施前のモデル平均（表 4.10 の「モデル平均」）の正解率 82.4% より 0.2 ポイントほど上昇しています。

表 4.11　Stacked Generalization 実施後の正解率

		テストデータセットの真のクラス						合計
		airplanes	motorbikes	faces_easy	watch	leopards	bonsai	
推測したクラス	正解	507	602	310	124	126	49	1,718
	不正解	133	36	38	67	34	53	361
	計	640	638	348	191	160	102	2,079
正解率		79.2%	94.4%	89.1%	64.9%	78.8%	48.0%	82.6%

4.6.4　Self Training

最後に、Self Training で推測精度をさらに上げていきます。Stacked Generalization 実施後の推測結果を疑似ラベルとして、Self Training で使用します。トレーニングデータセットのラベルは **hard-target**、テストデータセットから作成された疑似ラベルは **soft-target** と呼ばれています。

「Deep Sea」では、元々のトレーニングデータセットの 10% を hard-target、残り 90% を soft-target を用いて 1 組のトレーニングデータセットとし、合計 10 組のトレーニングデータセットを作成しています。このデータを用いて 10 分割の交差検証（cross validation）を行っています。しかし今回は、hard-target をすべて使用し、soft-target の中から精度の良いデータ（クラスの判定確率が 0.8 以上のデータ）をトレーニングデータセットに追加しています。このデータを用いて、4.6.2 項「複数モデルの利用」で行った処理を再度行います。表 4.12 は Self Training で使用するデータセットです。ホールドアウト検証 1 回目とホールドアウト検証 2 回目の soft-target は同じデータを利用しています。

ホールドアウト検証 1 回目をみると、トレーニングデータセットは、1,305 サンプルから 1,305 + 6,100 = 7,405 サンプルへと増加し、約 6 倍にもなっています。このため、学習時間も数倍かかります。

表 4.12 Self Training 用のデータセット

	ホールドアウト検証1回目			ホールドアウト検証2回目			テストデータセット
	トレーニングデータセット		バリデーションデータセット	トレーニングデータセット		バリデーションデータセット	
	hard-target	soft-target(疑似ラベル)		hard-target	soft-target(疑似ラベル)		
airplanes	400	1,455	400	400	1,455	400	3,200
Motorbikes	400	2,550	400	400	2,550	400	3,190
Faces_easy	220	1,425	215	220	1,425	215	1,740
watch	120	125	120	120	125	120	955
Leopards	100	520	100	100	520	100	800
bonsai	65	25	65	65	25	65	510
合　計	1,305	6,100	1,300	1,305	6,100	1,300	10,395

　Self Training を実行するプログラムは pseudo_model.py です。引数には train とモデル番号を指定します。コマンド 4.17 を実行し、3 つのモデルの学習を行います。学習終了エポック数は 40 としています。学習実行時、モデルごとにホールドアウト検証 1 回目と 2 回目について、validation accuracy（val_acc）の値が最も高いエポック数を記録しておきます。学習時間は約 8 時間でした。

コマンド 4.17

```
$ cd ~/projects/4-6
$ source activate main
(main)$ export THEANO_FLAGS='mode=FAST_RUN,device=gpu0, \
floatX=float32,optimizer_excluding=conv_dnn'
(main)$ python pseudo_model.py train 1
(main)$ python pseudo_model.py train 2
(main)$ python pseudo_model.py train 3
```

　次に推測を行います。学習実行時、val_acc が一番高くなったエポック数は次のようになりました。

- モデル 1　1HO：37 エポック、2HO：38 エポック
- モデル 2　2HO：37 エポック、2HO：37 エポック
- モデル 3　2HO：38 エポック、2HO：40 エポック

　コマンド 4.18 のように、引数に test とモデル番号、エポック数を与え、3 つのモデルの推測を実行します。

コマンド 4.18

```
$ cd ~/projects/4-6
$ source activate main
(main)$ export THEANO_FLAGS='mode=FAST_RUN,device=gpu0, \
floatX=float32,optimizer_excluding=conv_dnn'
(main)$ python pseudo_model.py test 1 37 38
(main)$ python pseudo_model.py test 2 37 37
(main)$ python pseudo_model.py test 3 38 40
```

推測が終了すると、~/projects/4-6/submディレクトリにresult_pseudo_[モデル番号]_[クラス].csvファイルが作成されます。コマンド4.19を使用し、3モデルの推測結果の平均値を求めます。

コマンド 4.19

```
$ cd ~/projects/4-6
$ source activate main
(main)$ python average_3models.py pseudo
```

コマンド4.19を実行すると、~/projects/4-6/submディレクトリにfinal_average_[クラス].csvファイルが作成されます。

これらのファイルを集計し、それぞれのモデルの正解率と、モデル平均の正解率を比較したものが表4.13です。当初のモデル平均の正解率は82.4%でしたが（表4.10の「モデル平均」）、Stacked GeneralizationとSelf Trainingを行うことにより、モデル平均の正解率を87.2%にまで高めることができました（表4.13の「モデル平均」）。

表 4.13 各モデルの正解率（Stacked Generalization ＋ Self Training）

モデル 1　Seed=1

		テストデータセットの真のクラス						合計
		airplanes	motorbikes	faces_easy	watch	leopards	bonsai	
推測した クラス	正解	591	628	337	78	143	41	1,818
	不正解	49	10	11	113	17	61	261
	計	640	638	348	191	160	102	2,079
正解率		92.3%	98.4%	96.8%	40.8%	89.4%	40.2%	87.4%

モデル 2　Seed=2

		テストデータセットの真のクラス						合計
		airplanes	motorbikes	faces_easy	watch	leopards	bonsai	
推測した クラス	正解	590	629	333	78	143	39	1,812
	不正解	50	9	15	113	17	63	267
	計	640	638	348	191	160	102	2,079
正解率		92.2%	98.6%	95.7%	40.8%	89.4%	38.2%	87.2%

モデル 3　Seed=3

		テストデータセットの真のクラス						合計
		airplanes	motorbikes	faces_easy	watch	leopards	bonsai	
推測した クラス	正解	585	626	336	78	145	32	1,802
	不正解	55	12	12	113	15	70	277
	計	640	638	348	191	160	102	2,079
正解率		91.4%	98.1%	96.6%	40.8%	90.6%	31.4%	86.7%

モデル平均

		テストデータセットの真のクラス						合計
		airplanes	motorbikes	faces_easy	watch	leopards	bonsai	
推測した クラス	正解	590	628	335	77	144	39	1,813
	不正解	50	10	13	114	16	63	266
	計	640	638	348	191	160	102	2,079
正解率		92.2%	98.4%	96.3%	40.3%	90.0%	38.2%	87.2%

第5章

物体検出

　本章では、より難しい物体検出を行います。始めに26層のモデルを使用し、物体の位置、大きさ、種類を推測する方法を紹介し、次に23層モデルを使用した、物体の位置のみならず、その形状をも推測する方法を紹介します。

5.1 物体の位置を検出──26層のネットワーク

5.1.1 物体の位置・大きさ・種類の推測

これまではディープラーニングを用いて、1枚の写真の中に何が映っているかを推測し、写真を分類するということを行ってきました。ところが実際の写真を見てみると、人と犬が一緒に写っていたり、バイクの後ろに自動車が写っていたりするため、1枚の写真を単純に1つのクラスに分類することは難しい場合があります。

そこでここでは、1枚の写真の中に、何が、どこに写っているかを探す、物体検出の事例を紹介します。Caltech 101の「airplanes」(飛行機)と「motorbikes」(バイク)の画像で学習し、飛行機とバイクの物体検出を行います。図5.1は物体検出例です。1枚の写真の中に犬、人、馬を見つけ、その物体の位置と大きさを示しています。

※ Yoloホームページより引用

図5.1　物体検出例

5.1.2 使用するソフトウェアとその特徴
(1) 使用するソフトウェア

物体の位置・大きさ・種類の推測に、Yolo[1] (You only look once) を使用します。YoloはC言語で作成されたフレームワークDarknetの一機能とし

---

†1　http://pjreddie.com/darknet/yolo/

て提供されています。Yoloは動画に対してリアルタイムに物体検出を行う機能もありますが、今回は静止画像に対する物体検出機能を使用します。また、Pascal VOC 2012[†2]のデータを用いたYoloの学習済みモデルも公開されていますので、Yoloの仕組みを手軽に試すこともできます。まずは学習済みモデルを使用してYoloの基本動作を説明し、その後、物体を学習させて、新しいモデルを作成する方法を紹介します。

ニューラルネットワークを使用した物体検出にはR-CNN（Regions with CNN）やFast R-CNNがありますが、Yoloは同等の検出性能を持つうえに、R-CNNの1,000倍、Fast R-CNNの100倍程度、高速に処理を行うことができるといわれています。

(2) 学習手順

R-CNNなどの物体検出の基本的な流れは次のとおりです。

> ①画像（教師データ）をもとに、クラス分類のモデルを学習する。
> ②与えられた画像の中から、オブジェクトらしい候補領域を多数切り出す。
> ③切り出された多数の候補領域について、①で求めたモデルを用いてオブジェクトの各クラスの確率を推測し、大きい確率の候補領域を探す。

1枚の画像の中の候補領域は数千にもおよぶ場合もあり、その一つひとつの領域に対して推測を行う方法は、大変時間がかかります。動画などは1秒間に数十フレームの画像が流れていきますので、R-CNNなどでは動画のリアルタイム処理は難しい状況です。

Yoloの大きな特徴は、候補領域の切り出しとその候補領域のクラス確率の算出を、1回の推測で、同時に行ってしまう点です。このため、非常に高速に物体検出を行うことができます。

図5.2はYoloの学習概要図です。入力画像は448×448ピクセル固定です。

[†2] The PASCAL Visual Object Classes
http://host.robots.ox.ac.uk/pascal/VOC/

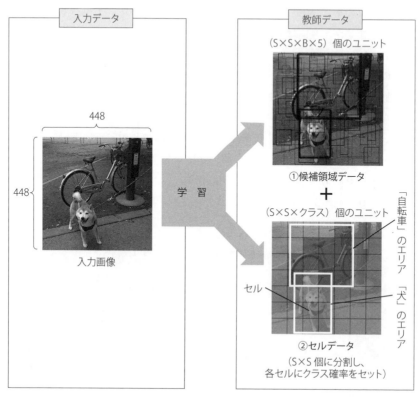

図 5.2　Yolo の学習概要図

教師データは次の 2 種類のデータから構成されています。

①候補領域データ

　　入力画像をもとに、オブジェクトらしい四角い候補領域を $S \times S \times B$ 個作成します。S は Side、B は Bounding box の頭文字です。S（セルの分割数）を 7、B を 3 とすれば、$7 \times 7 \times 3 = 147$ 個の候補領域を作成します。候補領域は、領域の座標データ（x, y, w, h の 4 種類）とコンフィデンス（confidence）と呼ばれる値の計 5 種類を持つので、教師データのユニット数は $147 \times 5 = 735$ となります。

②セルデータ

　　入力画像を $S \times S$ 個のセルに分割し、「犬」や「自転車」などのオブジェクトを含む確率を各セルにセットします。S を 7 とすれば、$7 \times 7 = 49$ 個

のセルが作成されます。ユニットはクラス数分必要なので、2クラス（2オブジェクト）であれば、$7 \times 7 \times 2 = 98$ 個のユニットが出力層に必要になります。①の候補領域データのユニット数と合わせると、出力層は833ユニットになります。

この候補領域がセル上のオブジェクトに適合するように、ニューラルネットワークの重みを学習します。損失関数には *IOU*（Intersection Over Union）を使用します。*IOU* は候補領域 b とセル g の重複の割合を評価する関数です。

$$IOU = \frac{|b \cap g|}{|b \cup g|}$$

教師データに、候補領域データとセルデータをセットし、24層の畳み込み層、2層の全結合層からなる26層のニューラルネットワークで学習を行います。

5.1.3　実行環境のインストール

ディープラーニング機のブラウザ Firefox を使用して、オーム社のホームページ（http://www.ohmsha.co.jp）から、Yolo の「学習・推測用プログラム」と、「学習済みモデル用プログラム」をダウンロードし、~/projects/5-1 ディレクトリに配置します[3]。ダウンロードするファイルは次の2種類です。

- 学習・推測用プログラム
  ファイル名：darknet_train.tar.gz（約5.6Mバイト）
- 学習済みモデル用プログラム
  ファイル名：darknet_test.tar.gz（約5.2Mバイト）

Yolo のプログラムは C 言語で作成されているため、プログラムを実行するためには gcc コンパイラでコンパイルする必要があります。本書で使用する gcc のバージョンは 4.8.4 です[4]。

---

[3] ここで使用する Yolo のプログラムは、GitHub（https://github.com/pjreddie/darknet）に公開されているプログラムを、本書用に修正したものです。オーム社のホームページからダウンロードしたプログラムを使用してください。

[4] gcc のバージョンが異なると、コンパイル時にエラーが発生する場合があります。

ダウンロードしたファイルを ~/projects/5-1 ディレクトリに配置後、コマンド 5.1 を実行して解凍します。

コマンド 5.1

```
$ cd ~/projects/5-1
$ tar zxvf darknet_train.tar.gz
$ tar zxvf darknet_test.tar.gz
```

5.1.4　学習済みモデルを用いて物体検出

初めに Yolo の学習済みモデルを使用して、Yolo の基本動作を説明します。Yolo の学習済みモデルは、表 5.1 の 20 個のオブジェクトを、Pascal VOC 2012 の画像データを用いて学習したモデルです。一般的には新たなトレーニングデータセットで学習済みモデルを Fine-tuning しますが、ここではそのまま学習済みモデルを使用して、推測を実行します。Yolo の学習済みモデルを使用すると、この 20 個のオブジェクトの物体検出（推測）を、同時に行うことができます。

表 5.1　Yolo の学習済みモデルのオブジェクト

1	aeroplane	6	bus	11	diningtable	16	pottedplant
2	bicycle	7	car	12	dog	17	sheep
3	bird	8	cat	13	horse	18	sofa
4	boat	9	chair	14	motorbike	19	train
5	bottle	10	cow	15	person	20	tvmonitor

Yolo の学習済みモデルをオーム社のホームページからダウンロードし、~/data/Yolo ディレクトリに配置します。学習済みモデルのファイル名は次のとおりです。

- `yolo.weights`（データ容量は約 750M バイト）

それでは実際に物体検出を行ってみます。コマンド 5.2 を実行します。

5.1 物体の位置を検出—26層のネットワーク 155

コマンド 5.2

```
$ cd ~/projects/5-1/darknet_test
$ make clean
$ make
$ ./darknet yolo test cfg/yolo.cfg ~/data/Yolo/yolo.weights \
./yolo_test_sample.jpg -thresh 0.1
```

コマンド darknet の引数の概要は次のとおりです。

① `yolo`

Yolo を使用することを指定します。

② `test`

学習はせずに、推測のみを行います。

③ `cfg/yolo.cfg`

実行時に読み込むコンフィグデータです。この中にモデルの構造、学習終了エポック数、学習係数などのパラメータが記載されています。

④ `~/data/Yolo/yolo.weights`

使用するモデルを指定します。今回ダウンロードした学習済みモデルを指定します。

⑤ `./yolo_test_sample.jpg`

入力データ（画像データ）を指定します。この画像に対して物体検出を行います。

⑥ `-thresh 0.1`

検出結果を描画するときの閾値を指定します。初期値は 0.1 です。閾値を大きくすると、より確度の高い候補領域を抽出して描画します。

推測実行後、物体検出結果が次のファイル名で作成されます。ファイル名は固定です。

```
~/projects/5-1/darknet_test/predictions.png
```

図 5.3 は入力データと物体検出結果です。自転車と犬が同時に検出されています。

(a) 入力データ　　　　　　　　　(b) 物体検出結果

図 5.3　Yolo の学習済みモデルを使った物体検出例

今回は閾値 thresh に 0.1 を設定しました。閾値 thresh に −1 を設定すると、147 個の候補領域がすべて表示されます（図 5.4）。この 147 個の中から、閾値 0.1 以上の候補領域を抽出して表示したものが、図 5.3 の（b）になります。閾値 thresh には、通常 0.1 〜 0.7 程度の値を指定します。

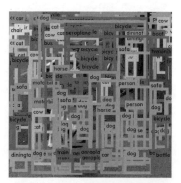

図 5.4　すべての候補領域を表示

5.1.5　オブジェクトを学習して物体検出

次に、オブジェクトを新規に学習し、その学習したオブジェクトの物体検出を行う方法を説明します。Caltech 101 の「airplanes」（飛行機）と「motorbikes」（バイク）の画像でオブジェクトを学習し、飛行機とバイクの物体検出を行います。

学習には、4.2 節「共通データの作成」で作成した次のデータを使用します。

- カテゴリ「airplanes」
  - トレーニングデータセット　　80画像
    対象ディレクトリ ~/data/Caltech-101/train_org/0/0/
  - バリデーションデータセット　　80画像
    対象ディレクトリ ~/data/Caltech-101/valid_org/0/0/

  計　160画像
- カテゴリ「motorbikes」
  - トレーニングデータセット　　80画像
    対象ディレクトリ ~/data/Caltech-101/train_org/0/1/
  - バリデーションデータセット　　80画像
    対象ディレクトリ ~/data/Caltech-101/valid_org/0/1/

  計　160画像

Yoloでは、新規にオブジェクトを学習しやすいように、適切な重みを持ったモデルが提供されています。本書ではこれを初期設定モデルと呼びます。初期設定モデルをニューラルネットワークの重みの初期値として与え、オブジェクトを新規に学習していきます。

初期設定モデルをオーム社のホームページからダウンロードし、~/data/Yoloディレクトリに配置します。初期設定モデルのファイル名は次のとおりです。

- `extraction.conv.weights`（データ容量は約45Mバイト）

(1) 教師データ用の元データを作成

今回はCaltech 101の「airplanes」と「motorbikes」のカテゴリから、それぞれ160画像をコピーし、コピーした画像を元に「オブジェクトの位置情報」を作成しました。Yoloは学習実行時、この「オブジェクトの位置情報」を読み込み、内部で自動的に教師データを生成します。

位置情報の作成には、ソフトウェアBBox-Label-Toolを使用しました[†5]。BBox-Label-Toolを使って、画像の中のオブジェクトを長方形で囲み、その長

---

†5　BBox-Label-Toolは、Pythonで稼働する画像の範囲指定ツールです。BBox-Label-Toolのインストール方法および「オブジェクトの位置情報」の作成方法については、付録Aを参照してください。
　　参考サイト　https://github.com/puzzledqs/BBox-Label-Tool

方形の座標を保存します。保存した座標データを Yolo 用に変換し、「オブジェクトの位置情報」としています。

BBox-Label-Tool で作成した座標データ、および「オブジェクトの位置情報」のサンプルは次のとおりです。

- BBox-Label-Tool で作成した座標データ例（2行1レコード）
  ```
  1
  48 22 352 137
  ```

- 「オブジェクトの位置情報」の例
  ```
  0 0.502512562814 0.484756097561 0.763819095477 0.701219512195
  ```

今回作成した「オブジェクトの位置情報」（Yolo 用に変換されたデータ）は、オーム社のホームページからダウンロードして利用することができます。このデータは、ダウンロードした darknet_train.tar.gz ファイルに含まれています。コマンド 5.1 を実行してファイルを解凍すると、「オブジェクトの位置情報」が次のように保存されます。

- 「airplanes」用　オブジェクトの位置情報（160 ファイル）
  ```
  ~/projects/5-1/darknet_train/script/labels/airplanes/image_0001.txt
  ~ image_0160.txt
  ```

- 「motorbikes」用　オブジェクトの位置情報（160 ファイル）
  ```
  ~/projects/5-1/darknet_train/script/labels/motorbikes/image_0001.txt
  ~ image_0160.txt
  ```

(2) プログラムなどの変更ポイント

ダウンロードした Yolo のプログラムは、すでに本書用に修正されています。ここではプログラムの修正ポイントについて説明します。

Yolo のプログラムは 20 クラス分類用の形で提供されています。ここで新しく作成するクラスは、「airplanes」と「motorbikes」の2クラスなので、次の①、②の変更を行いました。

① C プログラムの変更点

プログラム yolo.c に、リスト 5.1 のような修正を行いました。リスト 5.1 には、修正前と修正後のプログラムソースを記載しています。リスト 5.1 の①

では、2クラスであることを新しい変数 class_num を用いて定義しました。

リスト 5.1 　~/projects/5-1/darknet_train/src/yolo.c（抜粋）

```
------------------------ 変更前1------------------------
char *voc_names[] = {"aeroplane", "bicycle", "bird", "boat",
"bottle", "bus", "car", "cat", "chair", "cow", "diningtable",
"dog", "horse", "motorbike", "person", "pottedplant", "sheep",
"sofa", "train", "tvmonitor"};
image voc_labels[20];

void train_yolo(char *cfgfile, char *weightfile)
{
    char *train_images = "/data/voc/train.txt";
    char *backup_directory = "/home/pjreddie/backup/";
------------------------ 変更後1------------------------
char *voc_names[] = {"airplanes", "motorbikes"};
image voc_labels[2];
int class_num = 2;    // ---①

void train_yolo(char *cfgfile, char *weightfile)
{
    char *train_images = "./scripts/train.txt";
    char *backup_directory = "./scripts/backup/";
-----------------------------------------------------------

… (途中略)

------------------------ 変更前2------------------------
draw_detections(im, l.side*l.side*l.n, thresh, boxes, probs,
    voc_names, voc_labels, 20);
------------------------ 変更後2------------------------
draw_detections(im, l.side*l.side*l.n, thresh, boxes, probs,
    voc_names, voc_labels, class_num);
-----------------------------------------------------------

… (途中略)

------------------------ 変更前3------------------------
for(i = 0; i < 20; ++i){
------------------------ 変更後3------------------------
for(i = 0; i < class_num; ++i){
-----------------------------------------------------------
```

②コンフィグデータの概要と変更点
- コンフィグデータの概要

  リスト 5.2 は、実行時に読み込むコンフィグデータです。
  - Yolo は学習時、トレーニングデータセットから一定数のサンプルをランダムに抽出して学習を行います。その学習を 1 エポックとしています。
  - 抽出するサンプル数を batch=64 で指定しています (a)。1 エポックで 64 個のサンプルを学習することになります。このとき、各画像にアフィン変換をかけて学習を行っています。
  - batch の値を subdivisions (b) で割った値が、いわゆるバッチサイズになります。ここでのバッチサイズは 64 ÷ 4 ＝ 16 になります。
  - height=448 (c)、width=448 (d) は入力画像を拡縮し、入力層の画像サイズを 448 × 448 ピクセルにすることを指定しています。
  - 入力画像を S × S 個のセルに分割しますが、この S の値を side=7 (e) として指定しています。また、候補領域を S × S × B 個作成しますが、この B の値を num=3 (f) として指定しています。

- コンフィグデータの変更点

  今回のコンフィグデータの変更点は、リスト 5.2 の①〜③です。
  - ①は学習終了エポック数です。元の設定は 40,000 ですが、今回は 2,000 としています。
  - ②には出力層のユニット数を設定します。ユニット数は次の式で計算します。C はクラス数です。

    出力層のユニット数 ＝ S × S ×（B × 5 ＋ C）

    S = 7、B = 3、C = 2 ですので、出力層のユニット数には 833 を設定します。
  - ③にはクラス数を設定します。

リスト 5.2 ~/projects/5-1/darknet_train/cfg/yolo.train.cfg（抜粋）

```
[net]
batch=64           # --- (a)
subdivisions=4     # --- (b)
height=448         # --- (c)
width=448          # --- (d)
channels=3
momentum=0.9
decay=0.0005
saturation=1.5
exposure=1.5
hue=.1

learning_rate=0.0005
policy=steps
steps=200,400,600,20000,30000
scales=2.5,2,2,.1,.1
max_batches=2000   # ---①

… (途中略)

[connected]
output=833         # ---②
activation=linear

[detection]
classes=2          # ---③
coords=4
rescore=1
side=7             # --- (e)
num=3              # --- (f)
softmax=0
sqrt=1
jitter=.2

object_scale=1
noobject_scale=.5
class_scale=1
coord_scale=5
```

(3) コンパイルの実行

コマンド 5.3 を実行してコンパイルを実行します。プログラムを変更した場合は、必ずコマンド 5.3 を実行してください。

コマンド 5.3

```
$ cd ~/projects/5-1/darknet_train
$ make
```

(4)「クラス名の画像」の作成

物体検出結果に描画する「クラス名の画像」を作成します（図 5.5）。ここでは、「airplanes」と「motorbikes」の文字画像を作成します。

コマンド 5.4 を実行し、「クラス名の画像」を作成します。ここで使用する make_labels.py は Yolo に付属しているプログラムです。make_labels.py の変更箇所は、リスト 5.3 のとおりです。

コマンド 5.4

```
$ cd ~/projects/5-1/darknet_train/data/labels
$ source activate main
(main)$ python make_labels.py
```

図 5.5　クラス名の画像

リスト 5.3　~/projects/5-1/darknet_train/data/labels/make_labels.py（抜粋）

```
----------------------  変更前----------------------
import os

l = ["person","bicycle","car","motorcycle","airplane","bus",
"train","truck","boat","traffic light","fire hydrant","stop sign",
"parking meter","bench","bird","cat","dog","horse","sheep","cow",
"elephant","bear","zebra","giraffe","backpack","umbrella",
"handbag","tie","suitcase","frisbee","skis","snowboard",
"sports ball","kite","baseball bat","baseball glove","skateboard",
"surfboard","tennis racket","bottle","wine glass","cup","fork",
"knife","spoon","bowl","banana","apple","sandwich","orange",
"broccoli","carrot","hot dog","pizza","donut","cake","chair",
"couch","potted plant","bed","dining table","toilet","tv","laptop",
"mouse","remote","keyboard","cell phone","microwave","oven",
"toaster","sink","refrigerator","book","clock","vase","scissors",
"teddy bear","hair drier","toothbrush", "aeroplane", "bicycle",
"bird", "boat", "bottle", "bus", "car", "cat", "chair", "cow",
"diningtable", "dog", "horse", "motorbike", "person",
"pottedplant", "sheep", "sofa", "train", "tvmonitor"]

for word in l:
    os.system("convert -fill black -background white -bordercolor
white -border 4 -font futura-normal -pointsize 18 label:\"%s\"
\"%s.png\""%(word, word))
----------------------  変更後----------------------
import os

l = ["airplanes","motorbikes"]

for word in l:
    os.system("convert -fill black -background white -bordercolor
white -border 4 -font futura-normal -pointsize 18 label:\"%s\"
\"%s.png\""%(word, word))
----------------------------------------------------------
```

「クラス名の画像」は、~/projects/5-1/darknet_train/data/labelsディレクトリに保存されます。ファイル名はクラス名+.pngです。

(5) 実行例
①学習の実行

初めに学習を行います。Caltech 101 の「airplanes」と「motorbikes」の2つのカテゴリから、それぞれ 160 サンプルをコピーし、学習用の画像として使用します。コピー後のディレクトリおよび画像のファイル名は次のとおりです。

- 「airplanes」用　画像データ（160 画像）
  ~/projects/5-1/darknet_train/script/images/airplanes/image_0001.jpg
  ～ image_0160.jpg

- 「motorbikes」用　画像データ（160 画像）
  ~/projects/5-1/darknet_train/script/images/motorbikes/image_0001.jpg
  ～ image_0160.jpg

「オブジェクトの位置情報」（Yolo 用に変換されたデータ）のファイル名も image_0001.txt ～ image_0160.txt となっています。ファイル拡張子は異なりますが、ファイル名で学習用の画像と「オブジェクトの位置情報」の対応付けを行っています。

コマンド5.5を実行し、画像のコピーと学習を行います。モデルにはYoloの初期設定モデルを使用します。1エポックの実行に約4秒かかります。学習終了エポック数を2,000としているため、学習には約2時間半かかります。

コマンド 5.5

```
$ cd ~/projects/5-1/darknet_train

# airplanes トレーニングデータセットの80画像をコピー
$ cp ~/data/Caltech-101/train_org/0/0/* ./scripts/images/airplanes/
# airplanes バリデーションデータセットの80画像をコピー
$ cp ~/data/Caltech-101/valid_org/0/0/* ./scripts/images/airplanes/
# motorbikes トレーニングデータセットの80画像をコピー
$ cp ~/data/Caltech-101/train_org/0/1/* ./scripts/images/motorbikes/
# motorbikes バリデーションデータセットの80画像をコピー
$ cp ~/data/Caltech-101/valid_org/0/1/* ./scripts/images/motorbikes/

# 学習の実行
$ make clean
```

```
$ make
$ ./darknet yolo train cfg/yolo.train.cfg \
  ~/data/Yolo/extraction.conv.weights
```

コマンド darknet の引数の概要は次のとおりです。

① yolo

　Yolo を使用することを指定します。

② train

　モデルの学習を行います。

③ cfg/yolo.train.cfg

　実行時に読み込むコンフィグデータを指定します。

④ ~/data/Yolo/extraction.conv.weights

　使用するモデルを指定します。ダウンロードした学習用の初期設定モデルを指定します。

図 5.6 は学習実行時の画面表示です。学習が進むと、IOU（P.153 参照）の値が大きくなっていきます。「Avg IOU」の値が 0.9 程度にまで大きくなれば、検出性能は十分あるようです。画面の表示内容は、実行のたびに少し変わります。

図 5.6　学習実行時の画面表示

学習が終了すると、~/projects/5-1/darknet_train/scripts/backup ディレクトリに、yolo_final.weights ファイルが作成されます。これが今回学習して作成したモデルです。推測ではこのモデルを読み込んで、「airplanes」と「motorbikes」の物体検出を行います。

②推測の実行

物体検出用に、~/projects/5-1/darknet_train ディレクトリに次の3画像を準備しました。この3画像はすでに解凍・保存されています。

① airplane_sample.jpg　　　飛行機の画像
② motorbike_sample.jpg　　バイクの画像
③ cat_sample.jpg　　　　　 猫の画像

コマンド 5.6 を実行して物体検出を行います。検出結果の画像は、~/projects/5-1/darknet_train/predictions.png に保存されます。ファイル名は固定なので、別名にコピーしています。

コマンド 5.6

```
$ cd ~/projects/5-1/darknet_train
$ ./darknet yolo test cfg/yolo.train.cfg \
./scripts/backup/yolo_final.weights \
./airplane_sample.jpg -thresh 0.3
$ cp ./predictions.png ./pred_airplanes.png
$ ./darknet yolo test cfg/yolo.train.cfg \
./scripts/backup/yolo_final.weights \
./motorbike_sample.jpg -thresh 0.3
$ cp ./predictions.png ./pred_motorbikes.png
$ ./darknet yolo test cfg/yolo.train.cfg \
./scripts/backup/yolo_final.weights \
./cat_sample.jpg -thresh 0.3
$ cp ./predictions.png ./pred_cat.png
```

コマンド darknet の引数の概要は次のとおりです。

① yolo

　　Yolo を使用することを指定します。

② test

　　学習はせずに、推測のみを行います。

③ cfg/yolo.train.cfg

　　実行時に読み込むコンフィグデータです。学習時と同じコンフィグデータを指定します。

④ `./scripts/backup/yolo_final.weights`

使用するモデルを指定します。今回の学習で作成したモデルを指定します。

⑤ `./*****_sample.jpg`

入力データ（画像データ）を指定します。この画像に対して物体検出を行います。

⑥ `-thresh 0.3`

検出結果を描画するときの閾値を 0.3 としています。

図 5.7 は 3 つの画像の物体検出結果です。飛行機とバイクは学習しているので、うまくオブジェクトを検出しています。しかし、猫は学習していないので、検出しませんでした。

　(a) pred_airplanes.png　　(b) pred_motorbikes.png　　(c) pred_cat.png

図 5.7　画像の物体検出結果

今回学習に用いた Caltech 101 の画像は、中央にオブジェクトが配置されている品質の良い画像です。このため、Caltech 101 の画像から作成した、教師データのもとになる「オブジェクトの位置情報」も、画像の中央に集中しています。これは、候補領域の学習も中央に偏ってしまうことを意味します。学習時に使用する画像データは、さまざまなパターンを準備する必要がありそうです。

5.2 物体の形状を検出—23層のネットワーク

5.2.1 物体の位置・大きさ・形状の推測

ここでは物体の位置や大きさに加えて、その形状も推測する方法を紹介します。Caltech 101 の「airplanes」(飛行機) の画像を用いて、飛行機の形状を推測します。図 5.8 は飛行機の画像が与えられたとき、ディープラーニングを使用して飛行機の位置や形状を推測する流れを表しています。

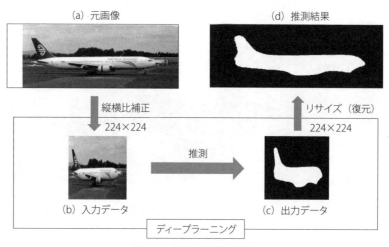

図 5.8 物体の形状を推測

ディープラーニングの出力データは、図 5.8 (c) のような白黒二値の画像となります。出力データを元画像と同じ大きさに復元して、最終的な推測結果とします。ディープラーニングで利用する教師データも白黒二値の画像になります。

5.2.2 使用するモデルとその特徴
(1) U 字型ネットワーク

図 5.9 (図 4.14 再掲) は、ショートカット構造を持つモデル例です。ここでは、多層ネットワークを実現するために、U 字型のショートカット構造を持つ U 字型ネットワークを使用します。

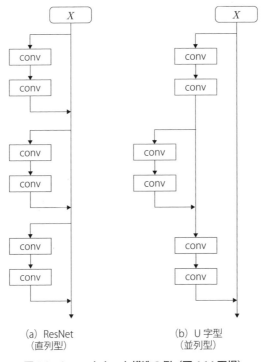

(a) ResNet　　　　　(b) U字型
（直列型）　　　　　（並列型）

図 5.9　ショートカット構造の例（図 4.14 再掲）

　このU字型ネットワークを基本に、さらに途中の畳み込み層の画素数を減らすことにより、入力データの抽象化を行っています。図 5.10 は、ここで使用する 23 層U字型ネットワークの全体図です。プーリング層で画素数を減らし、逆に途中からアップサンプリング層で画素数を増やすことにより、2つの層を同じ大きさにして、マージしています。

　図 5.10 をみると、最後に全結合層がありません。これはクラス分類ではなく、画像自体を出力データとするためです。出力層はシグモイド関数で出力値を整えています。全結合層を持たないこのようなモデルは、**Fully convolutional network** と呼ばれています。

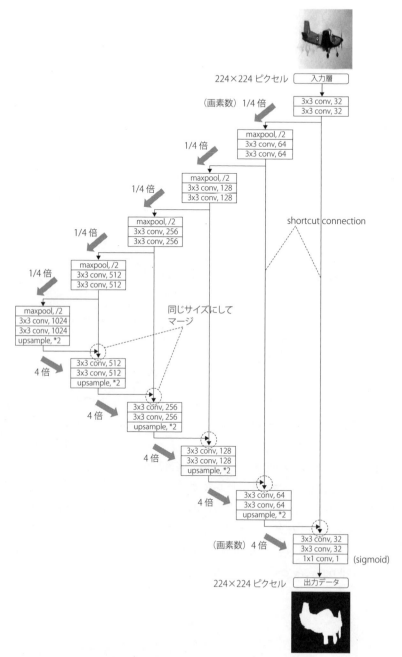

図 5.10　23 層 U 字型ネットワークの全体図

U字型ネットワーク構造を持ったモデルに **U-Net** [6] があります。U-Net は 2015 年に行われた、歯の X 線写真から虫歯などを探すコンテスト [7]（図 5.11）や、細胞の動きを追跡するコンテスト [8]（図 5.12）などで優秀な成績をおさめています。

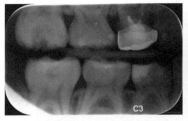

（a）入力データ（X 線写真）　　（b）教師データ
※国立台湾科技大学ホームページから引用

図 5.11　X 線写真から虫歯を推測

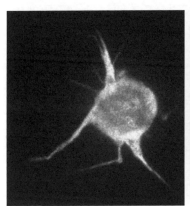

（a）神経細胞　　　　　　（b）トラッキングした画像
※「Cell Tracking Challenge」Organizer: Carlos Ortiz 氏のホームページから引用

図 5.12　細胞の動きを追跡

---

[6]　Olaf Ronneberger, Philipp Fischer & Thomas Brox, U-Net: Convolutional Networks for Biomedical Image Segmentation, v1, 2015

[7]　Grand Challenge for Computer-Automated Detection of Caries in Bitewing Radiography at ISBI 2015

[8]　Cell Tracking Challenge at ISBI 2015

(2) 損失関数

ディープラーニングの出力データは画像、教師データも画像のため、ここでは損失関数に Dice 係数（Dice coefficient）を使用しています。Dice 係数は、2 つの集合 X, Y の類似度を表す指標で、次のような式で求めることができます。2 つの集合が完全に一致していれば 1、すべて異なっていれば 0 になります。

$$\text{Dice 係数} = \frac{2 \times |X \cap Y|}{|X| + |Y|}$$

(3) 重みの更新

重みの更新に Adam を使用しています。

5.2.3　プログラムの概要

使用するプログラムは次の 5 つです。プログラムは、~/projects/5-2 ディレクトリに解凍・保存されています。

① `copy_imgs.py`

　ここで使用する学習用、バリデーション用、テスト用の画像を、Caltech 101 のカテゴリ「airplanes」から抽出します。

② `data_augmentation-2.py`

　データ拡張を行います。

③ `image_ext.py`

　`image_ext.py` は、`data_augmentation-2.py` がインポートして使用するプログラムです。

④ `fcn.py`

　Keras を使用して学習、推測を行います[9]。ホールドアウト検証を 1 回実行しています。

⑤ `resize_outputs.py`

　ディープラーニングで推測した出力データは、224 × 224 ピクセルのサイズです。これを元画像と同じピクセルサイズにリサイズ（復元）します。

---

[9] 参考にしたプログラム　Marko Jocić: Deep Learning Tutorial for Kaggle Ultrasound Nerve Segmentation competition, using Keras

(1) データセットの作成

`copy_imgs.py`を実行すると、Caltech 101 のカテゴリ「airplanes」から、トレーニングデータセット用（270画像）、バリデーションデータセット用（30画像）、テストデータセット用（10画像）の画像をコピーします。図 5.13 はコピー後のディレクトリ構成です。

```
/home/taro/projects/5-2/data           (画像数)
                      ├ test              10
                      ├ train            270  ┐コピーされた画像
                      ├ valid             30  ┘
                      ├ train_mask       270  ┐教師データ（解凍済）
                      └ valid_mask        30  ┘
```

図 5.13　コピー後のディレクトリ構成

教師データは合計 300 画像を本書用に作成しました[10]。元画像の飛行機の部分を白色に抜いて、マスク画像（白黒二値の画像）として元画像と同じ大きさで作成し、jpeg 形式で保存しました（図 5.14）。この教師データは、図 5.13 のディレクトリ `train_mask`、`valid_mask` に解凍・保存されています。ファイル名は元画像と同じです。

（a）元画像　　　　　　　　（b）教師データ（マスク画像）

図 5.14　元画像と教師データ

(2) データ拡張

データ拡張を行うプログラムは `data_augmentation-2.py` です。第 4 章で行ったデータ拡張は、入力データを対象にデータ拡張を行いましたが、ここでは入力データと教師データの両方に、同じデータ拡張の処理を行います。リスト 5.4 はデータ拡張時のパラメータ例です。1 つの画像が複数のデータ拡

---

[10]　教師データは、画像編集ソフトウェア Photoshop を使用して作成しました。

張の処理を通り、最終的に 224×224 ピクセルの大きさになります。

リスト 5.4　data_augmentation-2.py（抜粋）

```
if __name__ == '__main__':
    # オプション
    dname_out_suffix = '-aug'
    target_size = (224, 224)      # 変換後の画像サイズ
    nb_times = 25                 # 新しく何倍の枚数の画像を作成するか
    rotation_range = 15           # 回転角 (-15度～15度)
    width_shift_range = 0.15      # 水平方法の移動割合 (-0.15～0.15)
    height_shift_range = 0.15     # 垂直方向の移動割合 (-0.15～0.15)
    shear_range = 0.35            # せん断 (-0.35ラジアン～0.35ラジアン)
    zoom_range = 0.3              # ズーム (0.7倍～1.3倍)
    dim_ordering = 'th'           # th:Theano, tf:TensorFlow
```

データ拡張後のディレクトリ構成は図 5.15 のとおりです。

```
/home/taro/projects/5-2/data                (画像数)
                      ├ test                 10
                      ├ train                270
                      ├ train-aug            6,750 (270×25)
                      ├ train_mask           270
                      ├ train_mask-aug       6,750 (270×25)
                      ├ valid                30
                      ├ valid-aug            750 (30×25)
                      ├ valid_mask           30
                      └ valid_mask-aug       750 (30×25)
```

※網掛けのディレクトリは、データ拡張で作成されたデータ

図 5.15　データ拡張後のディレクトリ構成

　データ拡張では、データを 25 倍に拡張しています。トレーニングデータセットには、データ拡張されたデータに元のデータを加えて、6,750＋270＝7,020 サンプルを使用します。同様にバリデーションデータセットについても、750＋30＝780 サンプルを使用します。テストデータセットはデータ拡張していません。図 5.16 はデータ拡張前と、データ拡張後の画像サンプルです。

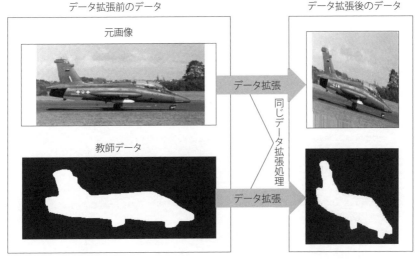

図 5.16　データ拡張例

(3) モデルの作成

ディープラーニングの学習、推測を行うプログラムは fcn.py です。Keras を使用しています。リスト 5.5 では、図 5.10 の 23 層 U 字型ネットワークを作成しています。

リスト 5.5　fcn.py（抜粋）

```
def create_fcn(input_size):
    inputs = Input((3, input_size[1], input_size[0]))

    conv1 = Convolution2D(32, 3, 3, activation='relu',
        border_mode='same')(inputs)      # ---①conv1を出力
    conv1 = Convolution2D(32, 3, 3, activation='relu',
        border_mode='same')(conv1)       # ---②conv1を入力して、再びconv1として出力
    pool1 = MaxPooling2D(pool_size=(2, 2))(conv1)

    conv2 = Convolution2D(64, 3, 3, activation='relu',
        border_mode='same')(pool1)
    conv2 = Convolution2D(64, 3, 3, activation='relu',
        border_mode='same')(conv2)
    pool2 = MaxPooling2D(pool_size=(2, 2))(conv2)
```

```python
conv3 = Convolution2D(128, 3, 3, activation='relu',
    border_mode='same')(pool2)
conv3 = Convolution2D(128, 3, 3, activation='relu',
    border_mode='same')(conv3)
pool3 = MaxPooling2D(pool_size=(2, 2))(conv3)

conv4 = Convolution2D(256, 3, 3, activation='relu',
    border_mode='same')(pool3)
conv4 = Convolution2D(256, 3, 3, activation='relu',
    border_mode='same')(conv4)
pool4 = MaxPooling2D(pool_size=(2, 2))(conv4)

conv5 = Convolution2D(512, 3, 3, activation='relu',
    border_mode='same')(pool4)
conv5 = Convolution2D(512, 3, 3, activation='relu',
    border_mode='same')(conv5)
pool5 = MaxPooling2D(pool_size=(2, 2))(conv5)

conv6 = Convolution2D(1024, 3, 3, activation='relu',
    border_mode='same')(pool5)
conv6 = Convolution2D(1024, 3, 3, activation='relu',
    border_mode='same')(conv6)

up7 = merge([UpSampling2D(size=(2, 2))(conv6), conv5],
    mode='concat', concat_axis=1)      # ---③
conv7 = Convolution2D(512, 3, 3, activation='relu',
    border_mode='same')(up7)
conv7 = Convolution2D(512, 3, 3, activation='relu',
    border_mode='same')(conv7)

up8 = merge([UpSampling2D(size=(2, 2))(conv7), conv4],
    mode='concat', concat_axis=1)
conv8 = Convolution2D(256, 3, 3, activation='relu',
    border_mode='same')(up8)
conv8 = Convolution2D(256, 3, 3, activation='relu',
    border_mode='same')(conv8)

up9 = merge([UpSampling2D(size=(2, 2))(conv8), conv3],
    mode='concat', concat_axis=1)
conv9 = Convolution2D(128, 3, 3, activation='relu',
    border_mode='same')(up9)
```

```
    conv9 = Convolution2D(128, 3, 3, activation='relu',
        border_mode='same')(conv9)

    up10 = merge([UpSampling2D(size=(2, 2))(conv9), conv2],
        mode='concat', concat_axis=1)
    conv10 = Convolution2D(64, 3, 3, activation='relu',
        border_mode='same')(up10)
    conv10 = Convolution2D(64, 3, 3, activation='relu',
        border_mode='same')(conv10)

    up11 = merge([UpSampling2D(size=(2, 2))(conv10), conv1],
        mode='concat', concat_axis=1)
    conv11 = Convolution2D(32, 3, 3, activation='relu',
        border_mode='same')(up11)
    conv11 = Convolution2D(32, 3, 3, activation='relu',
        border_mode='same')(conv11)
    conv12 = Convolution2D(1, 1, 1, activation='sigmoid')(conv11)
                                                          # ---④
    fcn = Model(input=inputs, output=conv12)
    return fcn
```

これまでは、ネットワークの作成に`model.add`関数を使用してきましたが、ここでは、層の出力をそのまま次の層の入力値として、ネットワークを作成しています。例えば、リスト5.5の①で出力されたオブジェクト`conv1`を、②ではそのまま入力値としています。

③では、`conv6`に対してUpSamplingを行い画素数を4倍に増やしてから、`conv5`とマージしてオブジェクト`up7`を作成しています。マージ処理は画素数が同じでなければならないため、ここではUpSamplingを使用しています。

④は出力層の処理です。シグモイド関数を使用して、1ユニットごとに出力値を0～1の範囲に整えています。

(4) 重みの更新処理

重みの更新にはAdamを使用しています。リスト5.6はAdamの使用例です。

リスト 5.6 fcn.py（抜粋）

```
# 損失関数，最適化手法を定義
adam = Adam(lr=1e-5)
model.compile(optimizer=adam, loss=dice_coef_loss,
    metrics=[dice_coef])
(中略)
# トレーニングを開始
print('start training...')
model.fit(X_train, Y_train, batch_size=32, nb_epoch=20, verbose=1,
          shuffle=True, validation_data=(X_valid, Y_valid),
          callbacks=[checkpointer])
```

（5）二値画像の生成と閾値

出力層の各ユニットの値は、シグモイド関数を使用しているので、0～1の範囲になります。推測した出力データを白黒二値の画像にするために、閾値を設定しています。閾値より大きければ1（白）、閾値以下であれば0（黒）に変換します。リスト5.7の①では、閾値を0.5として白黒二値の画像に変換しています。閾値の値によっては、推測結果が大きく変わる場合があります。

リスト 5.7 fcn.py（抜粋）

```
for i, array in enumerate(outputs):
    array = np.where(array > 0.5, 1, 0)  # 閾値0.5で二値に変換 ---①
    array = array.astype(np.float32)
    img_out = array_to_img(array)
    fpath_out = os.path.join(dpath_outputs, fnames_xs_test[i])
    img_out.save(fpath_out)
```

（6）出力データのリサイズ

出力データは224×224ピクセルの大きさです。`resize_outputs.py`を使用して、元画像と同じ大きさにリサイズ（復元）します。

5.2.4 実行例
（1）データセットの作成とデータ拡張

コマンド5.7を実行し、データのコピーとデータ拡張を行います。データ拡張が終了するまでに数分かかります。

コマンド 5.7

```
$ cd ~/projects/5-2/
$ source activate main
(main)$ python copy_imgs.py
(main)$ unset THEANO_FLAGS
(main)$ python data_augmentation-2.py
```

(2) 学習の実行

コマンド 5.8 を実行して学習を行います。今回は 20 エポックを実行します。学習開始から終了するまでに、約 2 時間半かかります。

コマンド 5.8

```
(main)$ export THEANO_FLAGS='mode=FAST_RUN,device=gpu0,floatX=float32, \
optimizer_excluding=conv_dnn'
(main)$ python fcn.py train
```

図 5.17 は学習実行中の画面表示です。エポック数が増えるにつれて、`val_dice_coef` の値が大きくなっています。18 エポックでは `dice_coef` の値は 0.9301、`val_dice_coef` の値は 0.9183 です。`dice_coef` はトレーニングデータセットの評価値、`val_dice_coef` はバリデーションデータセットの評価値です。

図 5.17　学習実行中の画面表示

エポック数と `dice_coef`、`val_dice_coef` の推移をグラフで表したものが図 5.18 です。

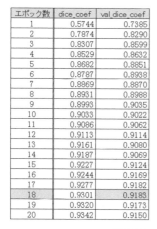
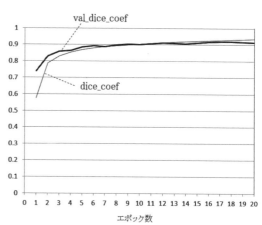

図 5.18 dice_coef と val_dice_coef の推移

　dice_coef はエポック数が増えるにつれて、値が徐々に大きくなっています。一方、val_dice_coef は 9 エポック近辺で伸びが止まっています。val_dice_coef が最も大きかったのは 18 エポックでした[11]。

(3) 推測の実行

　テストデータセット（10 画像）に対して推測を行います。学習実行時、1 エポックごとに ~/projects/5-2/checkpoints ディレクトリにモデルの重みデータが保存されます。今回は 20 エポック実行したので 20 ファイルが保存されます。保存ファイル名は次のような名称です。

- モデルの重みデータ　model_weights_[エポック数 -1].h5

　これまでは、推測実行時にエポック数を引数に与えていましたが、ここでは重みデータのファイル名を引数に指定します。今回は 18 エポックの重みを使用します。model_weights_17.h5 ファイルを重みデータとして指定します。コマンド 5.9 を実行し推測を行います。

---

[11] 今回は 20 エポックを実行しましたが、50 エポックの実行も行ってみました。実行時間は 7 時間弱です。dice_coef はエポック数が増えるにつれてますます大きくなり、val_dice_coef は横ばいの状況でした。

コマンド 5.9

```
(main)$ export THEANO_FLAGS='mode=FAST_RUN,device=gpu0, \
floatX=float32, optimizer_excluding=conv_dnn'
(main)$ python fcn.py test --weights \
./checkpoints/model_weights_17.h5
```

出力データは、~/projects/5-2/outputs ディレクトリに画像として保存されます。ファイル名は入力データと同じです。

(4) 出力データのリサイズと推測結果

resize_outputs.py を使用して、出力データを元画像と同じ大きさにリサイズします。コマンド 5.10 を実行します。

コマンド 5.10

```
(main)$ python resize_outputs.py
```

リサイズされた画像は、~/projects/5-2/resized ディレクトリに保存されます。ファイル名は元画像と同じです。

図 5.19、図 5.20 は大型ジェット旅客機と複葉機の推測結果です。閾値を変更し、それぞれ 3 種類の推測結果を掲載しています。

図 5.19 は推測がうまくいった事例です。閾値の影響もほとんどありません。図 5.20 は推測がうまくいかなかった事例です。複葉機の上の翼が推測できていません。閾値による差もあります。

(a) 元画像

(b) 18 エポック　閾値 0.05

(c) 18 エポック　閾値 0.5

(d) 18 エポック　閾値 0.95

図 5.19　形状の推測結果（大型ジェット旅客機）

(a) 元画像

(b) 18 エポック　閾値 0.05

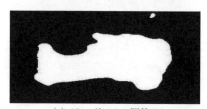
(c) 18 エポック　閾値 0.5

(d) 18 エポック　閾値 0.95

図 5.20　形状の推測結果（複葉機）

　複葉機がうまく推測できなかった原因は、学習サンプル数の不足にあります。今回、Caltech 101 の「airplanes」の画像から、270 サンプルのトレーニングデータセットを抽出しましたが、そのうち 8 割以上がジェット旅客機で、複葉機らしき画像は数サンプルしかありませんでした。推測精度を上げるためには、トレーニングデータセットのパターンやサンプル数を増やす必要があります。

(5) エポック数の比較

ここで、エポック数による学習状況の違いをみるために、1エポック、9エポック、18エポックの3種類の重みを使用して推測を行ってみます。図5.21は、それぞれのエポック数の重みを使った推測結果です。閾値はすべて0.5としています。使用した画像はテストデータセットの中の画像です。

(a) 元画像

(b) 1エポック　閾値0.5

(c) 9エポック　閾値0.5

(d) 18エポック　閾値0.5

図5.21　エポック数別推測結果

1エポックで、ジェット旅客機をすでに固まりとして認識しています。9エポックでは、垂直尾翼も形として識別され、飛行機らしい形になっています。どのエポック数の重みを使うかは、val_dice_coef の値を参考にして、実際の推測結果をみながら判断する必要があります。

第**6**章

強化学習――三目並べに強いコンピュータを育てる

　本章では、三目並べを通して、ディープラーニングを用いた強化学習について説明します。三目並べは、まるぺけ、○×ゲームとも呼ばれています。最初は負けが続きますが、約6分後には、ほぼ勝ち続ける状態にまで成長していきます。

6.1 強化学習

6.1.1 強化学習とは

2016年3月、韓国のトップレベルの囲碁棋士に、ディープラーニングを利用した「**AlphaGo（アルファ碁）**」が勝利しました。AlphaGoは、イギリスのGoogle DeepMind社が開発したコンピュータ囲碁プログラムで、**強化学習**（Reinforcement Learning）と呼ばれる手法で作成されました。

強化学習とは、試行錯誤しながら行動する中で、報酬や罰を得ることによってその行動を強化し、自らその行動を学習するという学習方法です。教師あり学習では、1つの行動（入力データ）に対し、1つの教師データがありますが、強化学習では、1つの行動に対し、1つの教師データが与えられるということではなく、一連の行動の最後に教師データが与えられます。この最後に与えられた教師データをもとに、それまでの行動を評価し、その一連の行動を強化します。最後に与えられる教師データは**報酬**（reward）と呼ばれています。

強化学習は、心理学の分野では古くから提唱されています。例えば、ネズミがレバーを押すと餌が出てくることに気づき、レバーを押すことを自ら学習する場合があります。心理学ではこのような学習方法を強化学習と呼んでいます。

6.1.2 Q学習

強化学習を実現する方法の1つに**Q学習**（Q-learning）があります。強化学習では、個々の行動に対して教師データは必ずしも付いていません。そこで、教師データの代わりに、一つひとつの行動に対し、**Q値**（Q-value）と呼ばれる指標を推測して与えます。Q学習は、次に取るべき行動を選択するための指標としてQ値を利用し、適切なQ値を求めることを学習の目的としています。

図6.1は、自宅から町や山へつながる道を表しています。S_1, S_2 は経由地、S_3〜S_6 は到着地です。到着地にはそれぞれ報酬が与えられています。町に行きたいので、S_3 に到着すると報酬は1が与えられますが、それ以外の到着地は報酬を0としています。報酬には、一般的に -1〜1 の値をセットします。

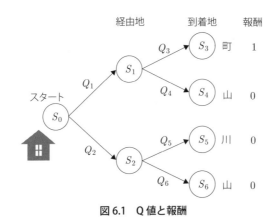

図 6.1　Q 値と報酬

　Q 値は行動を選択する指標で、大きな値ほどその行動を選ぶ確率が高くなります。このような状況の中で、試行錯誤を繰り返しながら、なるべく報酬が多くもらえるように、$Q_1 \sim Q_6$ の値を求める方法が Q 学習です。

　図 6.1 をみると、到着地には報酬が付いていますが、経由地には報酬がありません。経由地には報酬がないので、スタート時に S_1, S_2 のどちらを選択すればよいか判断がつかず、到着地まで行って初めて、経由地 S_1 を選択した行動が正しかったことがわかります。囲碁や将棋をみても、途中の一手一手は良いか悪いかわからないけれども、最後に勝ったら、それまでの一連の手は良かった、と考えるのが自然です。この考え方が強化学習の大きな特徴で、教師データを単純に作成できないような、複雑な行動に対しても学習を可能にしています。

　Q 学習では、初めに初期値を Q 値に設定します。ここでは図 6.2 のように、$Q_1 \sim Q_6$ の値に初期値を与えています。

　次の行動を選択するとき、Q 値が大きい行動を選択する方法のみだと、行動が偏ってしまいます。例えば、図 6.2 ではスタート直後、常に S_1 が選択されてしまいます。これを避けるために、0〜1 の間の適当な定数 ε（エプシロン）をあらかじめ定め[†1]、次のような流れで行動を選択する方法があります。

[†1] 定数 ε は、学習が進むにつれて、徐々に小さな値に下げていきます。これにより、「ランダムに選択」する割合が減り、次第に「Q 値が大きい行動を選択」するようになっていきます。

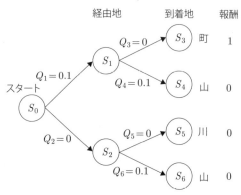

図 6.2　Q 値の初期値

① 行動選択時、0〜1 の範囲で乱数 r を発生させる。
② $r<\varepsilon$ であれば、次の行動をランダムに選択する。$r\geq\varepsilon$ であれば、Q 値が大きい行動を選択する。

このような行動選択方法は、ε-**グリーディ法**（ε-greedy）と呼ばれています。ε-グリーディ法を用いれば、Q 値が大きい行動を選ぶだけではなく、あえて間違いを選ぶ、ということも可能になります。

ここで、Q 値の更新を簡易的な方法で行ってみます。選択先が、経由地か、到着地かで更新方法が異なります。

(1) スタート時 S_1 を選ぶ

スタート時、仮に S_1 を選んだとします。S_1 は経由地です。Q_1 の値を次のようなルールで更新します。

> 【ルール1】 選択先が経由地の場合
> 　選択先が、次に選ぶことができる行動のうち、一番大きい Q 値を現在の Q 値に加える。

選択先の S_1 が、次に選ぶことができる行動は、S_3 を選ぶか、S_4 を選ぶかのどちらかです。S_3 を選んだ場合は $Q_3=0$、S_4 を選んだ場合は $Q_4=0.1$ なので、一番大きい Q 値は $Q_4=0.1$ となります。この 0.1 を現在の Q_1 に加えて、$Q_1=0.1+0.1=0.2$ と更新します。

(2) 状態 S_1 から S_3 を選ぶ

次に、状態 S_1 から S_3 を選んだとします。S_3 は到着地です。Q_3 の値を次のようなルールで更新します。

【ルール 2】 選択先が到着地の場合
現在の Q 値に、到着地の報酬の値を加える。

次の選択先 S_3 は到着地なので、報酬を持っています。現在 $Q_3 = 0$ ですが、これに到着地 S_3 の報酬 1 を加えて、$Q_3 = 0 + 1 = 1$ とします。

この段階で、それぞれの Q 値は図 6.3 のように更新されます。

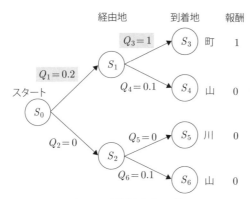

図 6.3　更新された Q 値

さて、ここで再度 (1)、(2) の処理を繰り返してみます。図 6.3 の状態で、スタート時に S_1 を選ぶと、$Q_1 = 0.2 + 1 = 1.2$ となり、次に S_1 から S_3 を選ぶと $Q_3 = 1 + 1 = 2$ となります。図 6.4 は、この更新の結果を表しています。

図 6.4 をみると、報酬の大きい「町」への道筋の Q 値が大きくなり、到着地 S_3 の報酬「1」が、Q 値としてスタートの方向にたぐり寄せられていることがわかります。仮にスタート時に S_2 を選んだ場合、その先の報酬は「0」なので、たぐり寄せたとしても Q_2 はあまり大きな値にはなりません。すなわち、スタート時は S_1 を選ぶほうがよい、という形に収束していきます。試行錯誤しながら行動する、すなわちさまざまな経路を繰り返し試す中で、Q 値が更新され報酬がもらえる道筋が次第に見えてきます。これが Q 学習の考え方です。

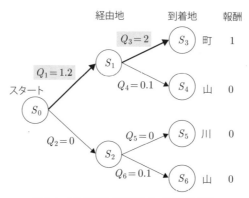

図 6.4 再度選択を繰り返し Q 値を更新

図 6.4 では、到着地までの経由地がわずか 1 つですが、到着地までに複数の経由地を通過する場合、報酬をスタート側までたぐり寄せるためには、何回も同じ経路を選択し、繰り返し Q 学習を行う必要があります。

今回は簡易的な更新ルール 1 とルール 2 を使用しましたが、本来は次のような式で Q 値を更新します。

選択先が経由地の場合

$$Q(S_t, a_t) \leftarrow Q(S_t, a_t) + \alpha \left(\gamma \max_{a_{t+1}} Q(S_{t+1}, a_{t+1}) - Q(S_t, a_t) \right) \quad (6.1)$$

選択先が到着地の場合

$$Q(S_t, a_t) \leftarrow Q(S_t, a_t) + \alpha \left(r_{t+1} - Q(S_t, a_t) \right) \quad (6.2)$$

S_t：時刻 t における状態

a_t：状態 S_t のとき選択した行動

$Q(S_t, a_t)$：状態 S_t で行動 a_t を選択したときの Q 値

$\max_{a_{t+1}} Q(S_{t+1}, a_{t+1})$：次の状態 S_{t+1} で選択できる行動に対する Q 値の中の最大の値

α（アルファ）：学習係数（0.1 などの値）

γ（ガンマ）：割引率（0.9 などの値）

r_{t+1}：S_{t+1} の報酬

式 (6.1)、式 (6.2) をまとめると、Q 値の更新式は次のような 1 つの式で表

すことができます[†2]。変数 G は、選択先が到着地の場合は 1、それ以外は 0 となります。

$$Q(S_t, a_t) \leftarrow Q(S_t, a_t) + \alpha\left(r_{t+1} + (1-G)\gamma \max_{a_{t+1}} Q(S_{t+1}, a_{t+1}) - Q(S_t, a_t)\right) \tag{6.3}$$

$$= (1-\alpha)\underline{Q(S_t, a_t)} + \alpha\underline{\left(r_{t+1} + (1-G)\gamma \max_{a_{t+1}} Q(S_{t+1}, a_{t+1})\right)} \tag{6.4}$$

$$= (1-\alpha) \times 現在の\,Q\,値 + \alpha \times 次の行動の最大\,Q\,値 \tag{6.5}$$

学習係数 α は、「現在の Q 値」と、「次の行動の最大 Q 値」の加算割合です。Q 学習では、更新された Q 値と ε-グリーディ法を用いて、次の行動を選択していきます。図 6.5 は、式 (6.5) の「現在の Q 値」と「次の行動の最大 Q 値」を図に表したものです。学習係数 α を 0.1 とすれば、Q_1 の値 0.2 は、次のように更新されます。

$$\begin{aligned} Q_1 &\leftarrow (1-\alpha) \times Q_1 + \alpha \times Q_3 \\ &= (1-0.1) \times 0.2 + 0.1 \times 1 \\ &= 0.28 \end{aligned}$$

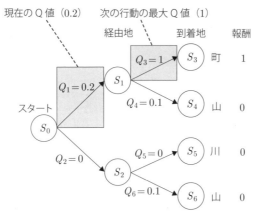

図 6.5　現在の Q 値と次の行動の最大 Q 値

---

†2　途中の経由地にも報酬が与えられる場合があります。

6.1.3 DQN

図 6.1 のような場合は、状態や選択行動パターンが少ないため、すべての経路パターンを繰り返し試しながら、Q 学習で適切な Q 値を求めることができます。しかしながら、経由地の数や行動パターンが大量にある場合は、すべてのパターンを網羅して Q 値を求めることは、きわめて難しくなります。ここで、ディープラーニングが登場します。

図 6.6 は、ディープラーニングを利用する場合の、推測値と教師データの関係を図に表したものです。一般的な Q 学習では、「現在の Q 値」を変数に保持し、「現在の Q 値」に「次の行動の最大 Q 値」を加算し更新するという形をとりますが、ディープラーニング利用時は、「現在の Q 値」は保持せずに、常に推測するという形になります。このとき、「教師データ」を「次の行動の最大 Q 値」にすることで、報酬（Q 値）を、スタートの方向にたぐり寄せます。例えば図 6.6 をみると、ディープラーニングによる Q_1 の推測値は 0.2 ですが、教師データの値が 1 なので、学習後は、Q_1 の推測値が 0.2 から 0.5 程度に上昇します。すなわち、「次の行動の最大 Q 値」（教師データ）が、スタート側にたぐり寄せられる形になります。

このように、ディープラーニングの利用では、推測値と教師データの関係を利用し、報酬（Q 値）のたぐり寄せを行っています。入力データに現在の「状態」、教師データに「次の行動の最大 Q 値」をセットして学習を行い、学習した重みを用いて近似的な Q 値を推測して求めます。

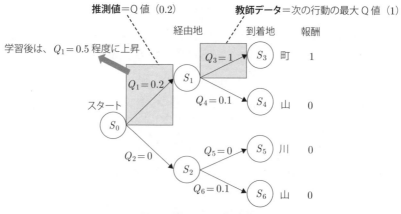

図 6.6　ディープラーニングを使用した Q 学習

Q 学習ですべての状態、行動を網羅できなくても、ディープラーニングを利用して近似的な Q 値を求めることにより、報酬をもらえる可能性の高い次の一手を推測することができます。Q 学習とディープラーニングを利用したモデルは **DQN**（Deep Q-Network）と呼ばれています。

近似的な Q 値の推測精度を高めるために、次のような手法がとられています。

（1）Experience Replay

さまざまな試行から得た「状態」「行動」「報酬」などをテーブルに一定数保管しておき、そのテーブルからバッチサイズと同じ数のサンプルをランダムに抽出し、ディープラーニングでミニバッチ学習を行う方法です。テーブルは、順次新しい試行結果データに入れ替えていきます。

（2）Target Network

1 つのディープラーニングのネットワークで、学習と推測を同時に行うと、推測値がばらついてしまう場合があります。そこで、学習用と推測用のネットワークを分けて、学習用のネットワーク（**Q-Network**）の重みを、定期的に Q 値推測用のネットワーク（**Target Network**）にコピーします。学習と推測に時間差が生じますが、これにより、近似的な Q 値の推測が安定します。

6.2 基本的な枠組み

6.2.1 環境とエージェント

ここでは三目並べを例に、Q学習を用いた強化学習について説明します。三目並べとは、3×3のマスに「○」と「×」を交互に打って、3つ直線に並んだら勝ちというシンプルなゲームです。すべてのマスが埋まっても勝ち負けが決まらない場合は、引き分けとなります。

図6.7は、三目並べを使った強化学習の全体像です。エージェントが先攻で「○」を打ち、環境は後攻で「×」を打ちます。

学習の主体は**エージェント**です。エージェントが「○」を打った位置を**環境**

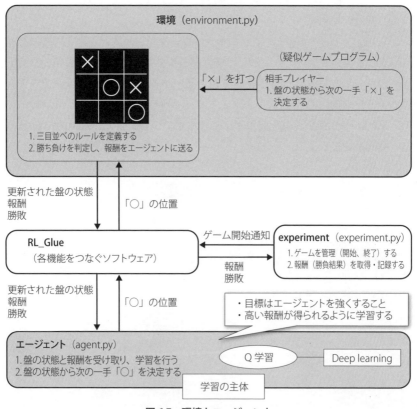

図6.7 環境とエージェント

に伝えると、環境は勝ち負けを判断し、ゲームが継続であれば「×」を新たに打ったうえで、盤の状態と「○」に対する報酬をエージェントに戻します。エージェントは、高い報酬を得ることを学習の目的にしています。学習にはQ学習を用いており、その背後でディープラーニングを利用します。

環境は、あるルールに従って動く箱のようなもので、環境自体は学習を行いません。環境はルールに沿って勝敗の判定を行ったり、内部の、簡単な疑似ゲームプログラムで「×」を打ちます。エージェントからみると、環境は三目並べの対戦相手としての役割を持ち、どこに「○」を打てば報酬をもらえるかを教えてくれる教師役でもあります。

このルールや、疑似ゲームプログラムは、環境の中にプログラムとして「人」が最初に与えます。エージェントは、初めはルールすら知らず、ランダムに「○」を打つため負け続けます。しかし、偶然、良い報酬を得ることにより、学習を少しずつ進め、最後には疑似ゲームプログラムに勝つことができるようになります。

強く成長したエージェントを疑似ゲームプログラムに置き換え、さらに学習を進めることも可能です。これは強いエージェント同士を戦わせる形になりますが、AlphaGoではこのような方法で、さらに強い囲碁プログラムを作成しています。

本書では、環境やエージェントを接続するインターフェースプログラムとして、RL-Glue[†3]を使用しています。また、ゲームの勝敗の記録や、ゲームの開始通知を行う処理をexperimentと表しています。使用するプログラムは、次の3つです。

① `agent.py`
エージェントに関わる処理を行います。Q学習を行いながら、最適な行動を選択できるように学習を進めます。

② `environment.py`
環境に関わる処理を行います。疑似ゲームプログラムの機能も持ちます。

[†3] RL-Glueは、プログラム言語に依存しない、強化学習のための標準的なインターフェースプログラムです。Brian Tanner and Adam White. RL-Glue: Language-Independent Software for Reinforcement-Learning Experiments. Journal of Machine Learning Research, 10(Sep): 2133-2136, 2009

③ experiment.py

ゲームの開始通知、ゲームの勝敗の記録を行います。

6.2.2 処理の概要

図6.8は、三目並べの処理概要です。ゲーム開始処理を行った後、「エージェントが「○」を打ち、報酬を受け取る」処理を繰り返す形になっています。エージェントが1回「○」を打つことを**1ステップ**と呼び、1回の勝敗を**1エピソード**と呼びます。

(1) ゲーム開始処理

ゲーム開始処理は、次のような流れになります。

① experiment がゲームの開始を環境に通知します。

②環境は、ゲームの盤を初期化し、盤の状態をエージェントへ通知します。

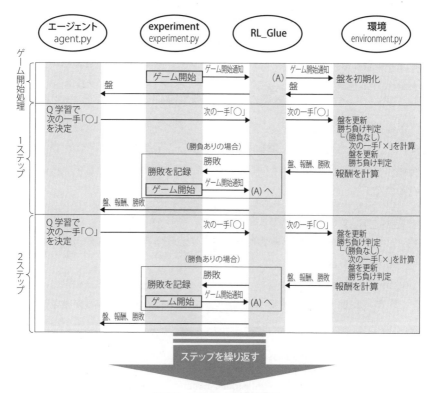

図6.8 三目並べの処理概要

(2) ステップ処理

1つのステップの処理は次のとおりです。

① エージェントは、環境から受け取った盤の状態、報酬、勝敗をもとにQ学習を行います。勝負がついていない場合は、次の一手を推測し、「○」の位置を環境に通知します。

② 環境は「○」の位置を受け取り、次の対応を行います。

(a) 盤を更新し、勝ち負けの判定を行います。

まだ勝負がついていない場合は、次の「×」の位置を計算し、盤を更新し、再び勝ち負けの判定を行います。

(b) 報酬を計算します。

(c) 勝負があった場合、勝敗を experiment に通知します（experiment は、勝敗を記録し、再びゲーム開始処理を行います）。

(d) 盤の状態、報酬、勝敗をエージェントに通知します。

このステップ処理を繰り返していきます。

6.2.3 環境内のルール

(1) 疑似ゲームプログラムの動作

環境内の疑似ゲームプログラムは、次のようなルールに沿って「×」を打つものとしています。

> ① 25%の確率でランダムに「×」を打つ。
>
> ② 75%の確率で次の行動を行う。
> - 1列に「×」が2つ並んでいて、残り1つが空白の場合、そこに「×」を打つ。
> - 1列に「○」が2つ並んでいて、残り1つが空白の場合、そこに「×」を打つ。
> - 上2つに当てはまらない場合、ランダムに空白を選択し、「×」を打つ。

(2) 報酬の内容

環境がエージェントに与える報酬は、次のように設定しました。

- エージェントから通知された「〇」で勝ちが決まった場合は報酬を「1」とし、引き分けた場合は「−0.5」とする。
- 疑似ゲームプログラムが打った「×」で、疑似ゲームプログラムが勝った場合は報酬を「−1」とする。
- 勝負が決まらない場合は報酬を「0」とする。

また、図 6.9 のように、環境内では盤の位置を 0 〜 8 の数値で表しています。

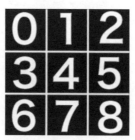

図 6.9　環境内での盤の表現

6.3　実行環境のインストール

Q 学習で利用するディープラーニング用のフレームワークとして、Chainer を使用します。本書で使用する Chainer のバージョンは、v1.16.0 です。

Chainer に関しては、以下のサイトが参考になります。

①公式サイト

　http://docs.chainer.org/en/stable/

②サンプルプログラム

　https://github.com/pfnet/chainer/tree/master/examples

以下に、Chainer、RL-Glue および Codec[4] のインストール例を紹介します。

(1) Chainer のインストール

コマンド 6.1 を実行し、Anaconda の環境 main に Chainer をインストールします。

---

[4] Codec は、RL-Glue を Python で利用できるようにするソフトウェアです。

コマンド 6.1

```
$ source activate main
(main)$ pip install chainer==1.16.0
(main)$ pip install matplotlib==1.5.3    # グラフ描画用
```

(2) RL-Glue と Codec のインストール

ディープラーニング機のブラウザ Firefox で、以下のサイトを開きます。

https://code.google.com/archive/p/rl-glue-ext/downloads

図 6.10 は RL-Glue のダウンロード画面です。「rlglue-3.04.tar.gz」をクリックし、rlglue-3.04.tar.gz をダウンロードします。

図 6.10　RL-Glue ダウンロード画面

rlglue-3.04.tar.gz を、~/archives ディレクトリに配置し、コマンド 6.2 を実行して、解凍、移動、インストールを行います。

コマンド 6.2

```
$ cd ~/archives
$ tar zxvf ./rlglue-3.04.tar.gz
$ mv rlglue-3.04 ~/projects/6-3/
$ cd ~/projects/6-3/rlglue-3.04
$ ./configure
$ make
$ sudo make install
```

次に、Codec をインストールします。ディープラーニング機のブラウザ Firefox で、以下のサイトを開きます。

https://code.google.com/archive/p/rl-glue-ext/downloads?page=2

図 6.11 は Codec のダウンロード画面です。「python-codec-2.02.tar.gz」をクリックし、python-codec-2.02.tar.gz をダウンロードします[†5]。

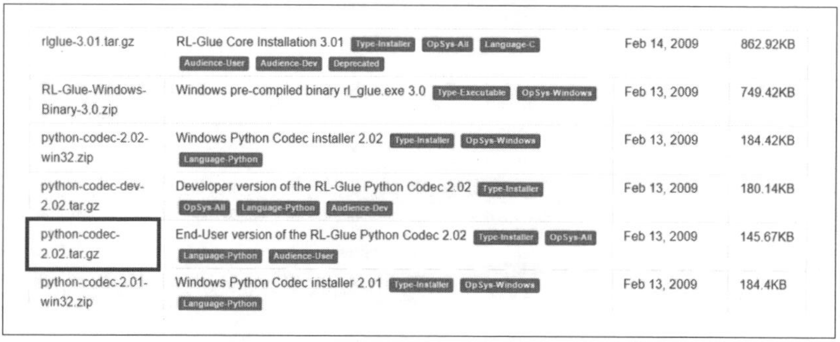

図 6.11 Python Codec ダウンロード画面

python-codec-2.02.tar.gz を、~/archives ディレクトリに配置し、コマンド 6.3 を実行して、解凍、移動、インストールを行います。

[†5] URL の「page=2」は 2 ページ目を表しています。2 ページ目にない場合は、他のページを探してください。
ダウンロードができない場合は、直接以下の URL にアクセスし、ダウンロードしてください。
https://storage.googleapis.com/google-code-archive-downloads/v2/code.google.com/rl-glue-ext/python-codec-2.02.tar.gz

コマンド 6.3

```
$ cd ~/archives
$ tar zxvf ./python-codec-2.02.tar.gz
$ mv python-codec ~/projects/6-3/
$ cd ~/projects/6-3/python-codec/src
$ source activate main
(main)$ python setup.py install
```

6.4　Q学習とディープラーニング

　近似的なQ値の算出にディープラーニングを使用します。図6.12は、ディープラーニングのネットワーク構成です。入力層のユニット数は54とし、3層の全結合ニューラルネットワークを使用しています。出力層は9ユニットです。出力層の9ユニットからは、0〜8の盤の目（行動）のQ値が出力されます。

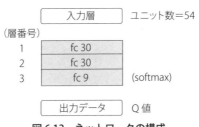

図6.12　ネットワークの構成

　図6.13は、盤の状態と入力層のユニットの関係を表したものです。図6.13の盤の状態は、エージェントが先行で「○」を打ち、次に環境が「×」を打った状態です。

　盤の1つの目を、2個のユニットで表現しています。「○」の目は右側のユニットに「1」を、「×」の目は左側のユニットに「1」をセットしています。何もない目は、左右両方のユニットに「0」をセットします。このように、「○」と「×」を区別して表現するため、1枚の盤の状態を表すために、9×2＝18ユニットが必要になります。入力層には、直近の過去2回分の状態も含めるようにします。このため、入力層のユニットの総数は、18×3＝54となります。この3回分のそれぞれの状態は、すべて「×」を打った直後の状態です。

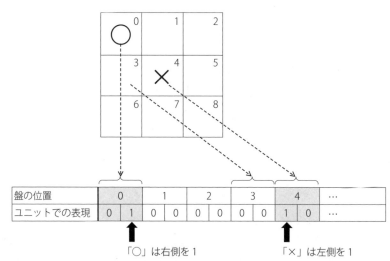

図 6.13　盤の状態と入力層のユニット

　学習のためにセットする入力層のデータは、**Experience Replay** を使用して取得します。テーブルに、表 6.1 のようなデータを 1 レコードとして、10,000 レコード保持し、この 10,000 レコードから 32 レコード（バッチサイズ分）をランダムに取得し学習を行います。学習は、テーブルに 5,000 レコード蓄えられた時点から開始しています。この 10,000 レコードは、古いデータから上書きされ、随時新しいデータに更新します。

表 6.1　テーブルに保持するデータ

エージェントの状態	テーブルに保持する 1 レコードのデータ（下記 5 項目）	補足
「〇」を打った状態	「〇」を打つ前の盤の状態（54 ユニット）	学習時、入力層のデータとして使用
	「〇」を打つ場所	環境に通知
環境から情報を受け取った状態	「〇」を打った結果の盤の状態（「×」もすでに記載。54 ユニット）	「次の行動の最大 Q 値」の推測に使用
	報酬（勝ち 1 点、引き分け −0.5 点、負け −1 点、勝負続行 0 点）	
	今回のステップでの勝敗	

　学習のために利用する教師データは、「次の行動の最大 Q 値」を求めてセットします。式（6.6）を使用し教師データを作成します。

教師データ＝次の行動の最大 Q 値

$$= r_{t+1} + (1-G)\gamma \max_{a_{t+1}} Q(S_{t+1},\ a_{t+1}) \quad (6.6)$$

r_{t+1}：S_{t+1} の報酬

G：勝敗（勝負ありの場合は 1、それ以外は 0）

γ（ガンマ）：割引率

$\max_{a_{t+1}} Q(S_{t+1},\ a_{t+1})$：次の状態 S_{t+1} で選択できる行動に対する Q 値の中の最大の値

リスト 6.1 は、ディープラーニングで Q 値を学習するプログラムの抜粋です。リスト 6.1 の①で入力層の値をセットし、②以下では $\max_{a_{t+1}} Q(S_{t+1},\ a_{t+1})$ の値を求め、③で教師データとなるべき値を算出し、④で学習実行用の関数を呼び出しています。

リスト 6.1 の④の学習で使用する損失関数の定義は、リスト 6.2 のクラス QNet で行っています。リスト 6.2 の①では、推測した 9 個の Q 値の中で、教師データとなるべきユニット（行動）の Q 値のみ、リスト 6.1 の③の教師データと入れ替えて、最終的な 9 個セットの教師データを作成しています。

リスト 6.1　agent.py（抜粋）

```
# 学習メイン処理
def replay_experience(self):
    # 10,000レコード保持したデータから32レコードを取得
    indices = np.random.randint(0, len(self.replay_mem),
                self.batch_size)
    samples = np.asarray(self.replay_mem)[indices]

    s, a, r, s2, t = [], [], [], [], []

    for sample in samples:
        s.append(sample[0])  # ○を打つ前 盤の状態
        a.append(sample[1])  # ○を打つ場所
        r.append(sample[2])  # 報酬
        s2.append(sample[3]) # ○を打った結果 盤の状態
        t.append(sample[4])  # 勝敗が決まったかどうか

    s = np.asarray(s).astype(np.float32)  #入力層の値    ---①
    a = np.asarray(a).astype(np.int32)
```

```
        r = np.asarray(r).astype(np.float32)
        s2 = np.asarray(s2).astype(np.float32)
        t = np.asarray(t).astype(np.float32)

        # ○を打った後の盤の状態から次のactionを推測する
        # (一手先のQ値を推測する)    ---②
        s2 = chainer.Variable(self.xp.asarray(s2))
        Q = self.targetQ.value(s2)
        Q_data = Q.data

        if type(Q_data).__module__ == np.__name__:
            max_Q_data = np.max(Q_data, axis=1)
        else:
            max_Q_data =
                np.max(self.xp.asnumpy(Q_data).astype(np.float32), axis=1)

        # 報酬から教師データを作成 (gamma = 0.99)
        # 勝敗が決した場合 t=1
        target = r + (1 - t)*self.gamma*max_Q_data    # ---③

        # 盤の状態、○を打つ位置、教師データを使って学習を行う
        self.optimizer.update(self.Q, s, a, target) # ---④
```

リスト 6.2 agent.py (抜粋)

```
class QNet(chainer.Chain):

    # コールバック関数 (損失計算)
    def __call__(self, s_data, a_data, y_data):
        self.loss = None

        # 盤の状態から○を打つ場所(Q値)を推測
        s = chainer.Variable(self.xp.asarray(s_data))
        Q = self.value(s)

        Q_data = copy.deepcopy(Q.data)

        if type(Q_data).__module__ != np.__name__:
            Q_data = self.xp.asnumpy(Q_data)

        # Q値の「○を打った場所」に関わる部分を教師データと置き換える  ---①
```

```
        t_data = copy.deepcopy(Q_data)
        for i in range(len(y_data)):
            t_data[i, a_data[i]] = y_data[i]

        t = chainer.Variable(self.xp.asarray(t_data))

        # ロスを計算する
        self.loss = F.mean_squared_error(Q, t)
```

リスト 6.3 は、ε-グリーディ法を使用して行動選択を行っているプログラム例です。乱数が ε 値より小さければ、ランダムに行動を選択します。ε 値が小さいほど、ランダムではなく、Q 値が高い行動を選択するようになります。

リスト 6.3　agent.py（抜粋）

```
    # ε-グリーディ法
        # Follow the epsilon greedy strategy
        if np.random.rand() < self.eps: #乱数がε値より小さければランダムに選択
            int_action = free[np.random.randint(len(free))]
        else: #Q値の高い行動を選択
            Qdata = Q.data[0]

            if type(Qdata).__module__ != np.__name__:
                Qdata = self.xp.asnumpy(Qdata)

            for i in np.argsort(-Qdata):
                if i in free:
                    int_action = i
                    break

        return int_action
```

ε 値の初期値は 1.0 とし、5,000 ステップ後から下降を始め、10,000 ステップで 0.001 になるように設定しています。

リスト 6.4 は、Q-Network から Target Network へネットワークをコピーするプログラム例です。変数 `update_freq` には 10,000 を設定し、10,000 ステップごとに Q-Network から Target Network へネットワークをコピーしています。

リスト 6.4　agent.py（抜粋）

```
# Target Networkへコピー
def update_targetQ(self):
    if self.step_counter % self.update_freq == 0:
        self.targetQ = copy.deepcopy(self.Q)
```

さらにプログラム agent.py では、200 エピソード連続で引き分け以上となった場合、学習を停止（Q-Network の学習を停止）しています。

6.5　実行例

それでは、実際に三目並べを実行してみましょう。ここでは、~/projects/6-5 ディレクトリに解凍・保存されている、次の 3 つのプログラムを使用します。

agent.py
environment.py
experiment.py

三目並べを実行するためには、次の 4 つのプログラムを同時に実行する必要がありますので、ディープラーニング機の端末を 4 つ開きます。

① rl_glue
② environment.py（環境）
③ agent.py（エージェント）
④ experiment.py（experiment）

図 6.14 のように端末を開いたら、それぞれの端末で、コマンド 6.4 〜 6.7 を順に実行します。50,000 エピソードを実行する場合、終了するまでに約 12 分かかりました。

コマンド 6.4　端末 1（RL-Glue）

```
$ source activate main
(main)$ export LD_LIBRARY_PATH=/usr/local/lib:$LD_LIBRARY_PATH
(main)$ rl_glue
```

コマンド 6.5　端末 2（環境）

```
$ source activate main
(main)$ cd ~/projects/6-5
(main)$ python environment.py
```

コマンド 6.6　端末 3（エージェント）

```
$ source activate main
(main)$ cd ~/projects/6-5
(main)$ python agent.py --gpu 0
```

コマンド 6.7　端末 4（experiment）

```
$ source activate main
(main)$ cd ~/projects/6-5
(main)$ python experiment.py
```

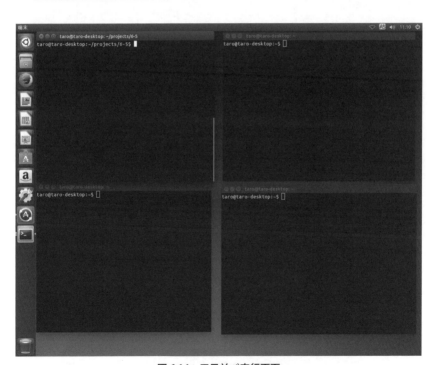

図 6.14　三目並べ実行画面

4つのプログラムを実行すると、三目並べが開始されます。experimentを実行した「端末4」に、エージェントのゲーム結果が表示されます。しばらく見ていると、最初はほぼDraw（引き分け）とLose（負け）だったゲーム結果が、次第にWin（勝ち）、Drawが増えて、Loseが少なくなっていくことがわかるでしょう。

図6.15は、エージェントのWinとDrawを合わせた割合の推移です。今回はトータルで50,000回の三目並べのゲームを行いましたが、およそ15,000回（約6分後）の時点で、負ける割合が3%未満になりました。

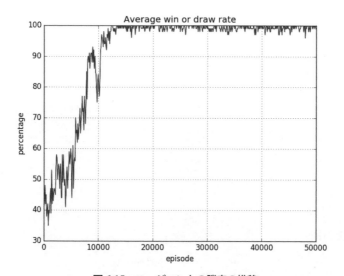

図6.15　エージェントの勝率の推移

実行が終わると、~/projects/6-5ディレクトリに、次の3種類のファイルが作成されます。

① `percentages.png`

　　エージェントのWinとDrawを合わせた割合の推移を、100エピソードごとに集計し、グラフ化した画像データです（図6.15）。

② `history.txt`

　　エージェントが負けたゲームの盤の状態を、ステップごとに記録しています（図6.16）。盤は空白を0、「○」を1、「×」を2として記録しています。

③ `result.txt`
　`percentages.png` のグラフ表示で使用した Win・Draw・Lose の回数が、テキスト形式で記録されています。

`history.txt` ファイルをみると、学習を始めたばかりの上のほうでは、「○」の一手目に右下や中央上が選ばれており、かなりランダムに打たれていますが、学習が進んだファイルの下のほうになると、「○」の一手目が、ほぼ確実に中央に打たれていることがわかります。「一手目を中央に打つと有利」という事実を、この短時間の試行でコンピュータが学習したことを示しています。

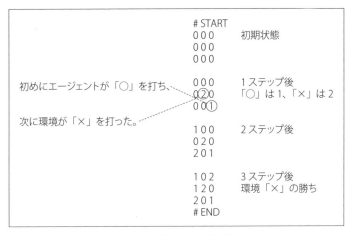

図 6.16　history.txt の内容

付　録

付録A　Yolo用「オブジェクトの位置情報」の作成方法
付録B　ソースリスト

付録 A　Yolo 用「オブジェクトの位置情報」の作成方法

　Yolo は学習実行時、「オブジェクトの位置情報」を読み込み、内部で自動的に教師データを生成します。ここでは、5.1 節「物体の位置を検出」で使用した「オブジェクトの位置情報」の作成方法を説明します。「オブジェクトの位置情報」の作成には、Ubuntu Desktop がインストールされたディープラーニング機を使用します。

　「オブジェクトの位置情報」は Windows PC でも作成可能です。2.7 系の Python を Windows PC にインストールし、pip コマンドを使って pillow ライブラリをインストールします。ディレクトリの作成や画像データの配置は、本書を参考にし、適宜 Windows PC 用に置き換えてください。BBox-Label-Tool は C ドライブ直下（C:¥）に解凍することをお勧めします。

A.1　BBox-Label-Tool のインストール

　BBox-Label-Tool は Python で稼働する画像の範囲指定ツールです。コマンド A.1 を実行し、GitHub サイトから BBox-Label-Tool をダウンロードします。不要なサンプルデータを削除したあと、ディレクトリを作成します[†1]。

コマンド A.1

```
$ mkdir ~/projects/appendix
$ cd ~/projects/appendix/
$ git clone https://github.com/puzzledqs/BBox-Label-Tool.git
$ cd BBox-Label-Tool
$ rm -rf ./Examples/001 ./Images/001 ./Labels/001
$ mkdir ./Examples/001/ ./Examples/002/ ./Labels/001/ \
./Labels/002/ ./Images/001/ ./Images/002/
```

　次にコマンド A.2 を実行し、学習用データをコピーします。今回使用する学習用データは「airplanes」、「motorbikes」ともに 160 枚の画像です。

[†1]　記号 ~ は、ユーザー「taro」のホームディレクトリ（/home/taro）を表しています。

コマンド A.2

```
# airplanes トレーニングデータセットの80画像をコピー
$ cp ~/data/Caltech-101/train_org/0/0/* ./Images/001/
# airplanes バリデーションデータセットの80画像をコピー
$ cp ~/data/Caltech-101/valid_org/0/0/* ./Images/001/
# motorbikes トレーニングデータセットの80画像をコピー
$ cp ~/data/Caltech-101/train_org/0/1/* ./Images/002/
# motorbikes バリデーションデータセットの80画像をコピー
$ cp ~/data/Caltech-101/valid_org/0/1/* ./Images/002/
```

BBox-Label-Tool の実行には pillow ライブラリが必要です。コマンド A.3 を実行し、pillow ライブラリをインストールします[†2]。

コマンド A.3

```
$ source activate main
(main)$ pip install pillow==3.4.1
```

BBox-Label-Tool は Jpeg ファイルを使用します。しかし、初期設定ではファイル拡張子 .JPEG にしか対応していません。これをファイル拡張子 .jpg に対応するように修正します。BBox-Label-Tool に付属しているプログラム main.py の 134 行目と 152 行目の文字「JPEG」を、文字「jpg」に修正します。

● 修正対象プログラム

~/projects/appendix/BBox-Label-Tool/main.py

A.2 「オブジェクトの位置情報」の作成

(1) BBox-Label-Tool の起動

コマンド A.4 を実行して BBox-Label-Tool を起動します。図 A.1 のような操作画面が表示されます。

[†2] 4.2 節「共通データの作成」で scikit-image のインストールが済んでいる場合は、pillow ライブラリはすでにディープラーニング機にインストールされているので、コマンド A.3 の実行は不要です。
Anaconda の環境 main 上で実行します。Anaconda のインストールについては、1.4 節「ソフトウェアのインストール」を参照してください。

コマンド A.4

```
$ cd ~/projects/appendix/BBox-Label-Tool
$ source activate main
(main)$ python main.py
```

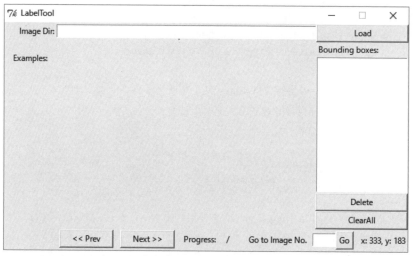

図 A.1　BBox-Label-Tool の操作画面

(2) 読み込みディレクトリの指定

　プログラム main.py を起動したディレクトリの下の、Images ディレクトリが読み込み対象となります。ここでは、初めに ./Images/001 ディレクトリを指定します。

　図 A.1 の「Image Dir:」欄に「001」と入力し、「Load」ボタンをクリックします。./Images/001 ディレクトリから 1 枚目の画像を読み込み画面に表示します（図 A.2）。

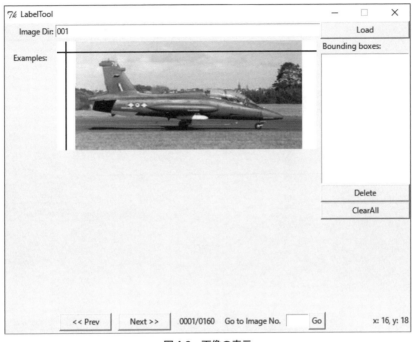

図 A.2　画像の表示

(3) オブジェクトの座標の決定と保存

次の①、②を繰り返します。

①オブジェクトの座標の決定

　画像内のオブジェクトの始点（四角枠の左上）と終点（四角枠の右下）を、クリックして指定します。図 A.3 のように、「Bounding boxes:」欄にクリックした位置のマウスの座標が表示されます。

②座標データの保存

　「Next>>」ボタンをクリックすると、./Images/001 ディレクトリ内の次の画像が読み込まれます。このとき、前の画像の座標データが、画像名と同じ名前で自動保存されます（ファイル拡張子は異なります）。保存先のディレクトリは次のとおりです。

　　~/projects/appendix/BBox-Label-Tool/Labels/001

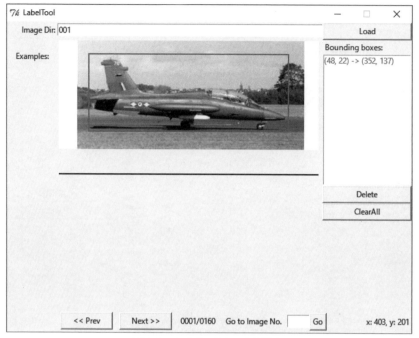

図 A.3　オブジェクトの座標指定

　①、②を繰り返して、./Images/001 ディレクトリ内のすべての画像に対してオブジェクトの座標を保存します。最後の画像は「Next>>」ボタンがクリックできないため、「<<Prev」ボタンをクリックして座標データを保存します。表示画像を変えないと座標データが保存されないので注意が必要です。./Images/002 ディレクトリの画像を読み込む場合は、「Image Dir:」欄に「002」を入力して「Load」ボタンをクリックします。

　最終的に、次の 2 つのディレクトリに、座標データがテキストファイル形式で、それぞれ 160 個作成されます。

```
~/projects/appendix/BBox-Label-Tool/Labels/001
~/projects/appendix/BBox-Label-Tool/Labels/002
```

(4) 座標データの変換

初めにコマンド A.5 を実行し、画像データと BBox-Label-Tool で作成した座標データを、変換用ディレクトリにコピーします。

コマンド A.5

```
$ cd ~/projects/appendix/BBox-Label-Tool
$ cp ./Images/001/* ~/projects/5-1/darknet_train/scripts/images/airplanes/
$ cp ./Images/002/* ~/projects/5-1/darknet_train/scripts/images/motorbikes/
$ cp ./Labels/001/* ~/projects/5-1/darknet_train/scripts/labels/airplanes_in/
$ cp ./Labels/002/* ~/projects/5-1/darknet_train/scripts/labels/motorbikes_in/
```

コマンド A.6 の `convert.py` は、Yolo に付属しているデータ変換ツールです。BBox-Label-Tool で作成した座標データを、Yolo 用のデータフォーマットに変換し、「オブジェクトの位置情報」と「画像のファイル名一覧」を作成します。

リスト A.1 は、`convert.py` の一部を抜粋したものです。今回は「airplanes」と「motorbikes」の 2 クラス分類なので、リスト A.1 の①で変数 `classes` に `"airplanes"` と `"motorbikes"` を指定しています。

コマンド A.6 を実行します。次の 2 つのディレクトリに Yolo 用に変換された「オブジェクトの位置情報」が作成されます[†3]。

```
~/projects/5-1/darknet_train/scripts/labels/airplanes/
~/projects/5-1/darknet_train/scripts/labels/motorbikes/
```

コマンド A.6

```
$ cd ~/projects/5-1/darknet_train/scripts
$ source activate main
(main)$ python convert.py
```

[†3] 5.1 節で `darknet_train.tar.gz` ファイルを解凍している場合、このディレクトリに「オブジェクトの位置情報」がすでに存在するので、ファイルの上書きに注意してください。

リスト A.1　convert.py（抜粋）

```
# -*- coding: utf-8 -*-

import os
from os import walk, getcwd
from PIL import Image

# ここに分類するクラスを記述する。 ---①
  classes = ["airplanes","motorbikes"]
```

「オブジェクトの位置情報」は各ディレクトリに 160 ファイル作成され、ファイル名は画像名と同じです（ファイル拡張子は異なります）。

さらに使用した画像の、パス付きファイル名の一覧データが、クラス別に次のように作成されます。

　~/projects/5-1/darknet_train/scripts/airplanes_list.txt

　~/projects/5-1/darknet_train/scripts/motorbikes_list.txt

この 2 つのデータファイルを、コマンド A.7 で 1 つのファイルにまとめて、Yolo 用の「オブジェクトの位置情報」の作成作業は完了です。

コマンド A.7

```
$ cd ~/projects/5-1/darknet_train/scripts
$ cat ./*_list.txt > train.txt
```

次の 2 種類のデータが Yolo の学習には必要になります。

① 「オブジェクトの位置情報」のデータ

　（以下の 2 つのディレクトリ内のテキストファイル）

　　~/projects/5-1/darknet_train/scripts/labels/airplanes/

　　~/projects/5-1/darknet_train/scripts/labels/motorbikes/

② 画像のパス付ファイル名一覧のデータ

　　~/projects/5-1/darknet_train/scripts/train.txt

付録B　ソースリスト

付録Bでは、本書に抜粋として掲載した各ソースリスト全体を掲載します。プログラムを実行する場合は、オーム社のホームページからダウンロードしたプログラムソースを利用してください。

第4章
migration_data_caltech101.py（リスト 4.1）

```python
# -*- coding: utf-8 -*-

import os, glob, shutil
import numpy as np

np.random.seed(2016)

# 元データ root_path
r_path = '../../data/101_ObjectCategories'

# データ配置用 root_path
o_path = '../../data/Caltech-101'

# データ読み込み
path = '%s/*/*.jpg'%r_path
files = sorted(glob.glob(path))
files = np.array(files)

##############################
## Keras, VGG16, ResNet 用 ##
##############################

# 使用するラベル ---①
use_labels = ['airplanes', 'Motorbikes', 'Faces_easy', 'watch',
  'Leopards', 'bonsai']
labels_count = [0,0,0,0,0,0]
# 学習、評価、テストに使用する件数を指定 ---③
train_nums = [80,80,44,24,20,13]
valid_nums = [80,80,43,24,20,13]
test_nums  = [640,638,348,191,160,102]


# まず train+valid と testデータに分割する。

# ディレクトリが存在しなかったら作成する。
for i in range(0, len(use_labels)):
  if not os.path.exists('%s/train_org/%i'%(o_path, i)):
    os.makedirs('%s/train_org/%i'%(o_path, i))
  if not os.path.exists('%s/test/%i'%(o_path, i)):
```

```python
      os.makedirs('%s/test/%i'%(o_path, i))
# ファイル数分だけ処理を繰り返す
for fl in files:
  # ファイル名取得
  filename = os.path.basename(fl)
  # 親ディレクトリ = ラベル 取得
  parent_dir = os.path.split(os.path.split(fl)[0])[1]

  if parent_dir in use_labels:

    ind = use_labels.index(parent_dir)

    num = labels_count[ind]
    valid_num = valid_nums[ind]
    test_num = test_nums[ind]

    if num < train_nums[ind] + valid_nums[ind]:
      cp_path = '%s/train_org/%i/'%(o_path, ind)
      shutil.copy(fl, cp_path)
    else:
      cp_path = '%s/test/%i/'%(o_path, ind)
      shutil.copy(fl, cp_path)

    labels_count[ind] += 1

  else:
    # 今回使用するラベル以外は無視する。
    continue

# trainデータを train, valid に分割する。
# ho数分だけ繰り返す
for ho in range(0,2):

  for ii in range(0, len(use_labels)):

    # ディレクトリが存在しなかったら作成する。
    if not os.path.exists('%s/train/%i/%i'%(o_path, ho, ii)):
      os.makedirs('%s/train/%i/%i'%(o_path, ho, ii))
    if not os.path.exists('%s/valid/%i/%i'%(o_path, ho, ii)):
      os.makedirs('%s/valid/%i/%i'%(o_path, ho, ii))

    # データ読み込み
    path = '%s/train_org/%i/*.jpg'%(o_path,ii)
    files = sorted(glob.glob(path))
    files = np.array(files)

    perm = np.random.permutation(len(files))
    random_train = files[perm]

    train_files = random_train[:train_nums[ii]]
    valid_files = random_train[train_nums[ii]:]

    # trainデータを配置
    for file in train_files:
      # ファイル名取得
      filename = os.path.basename(file)
      # 親ディレクトリ = ラベル 取得
```

```
            p_dir = os.path.split(os.path.split(file)[0])[1]

            shutil.copy(file, '%s/train/%i/%i/'%(o_path,ho,int(p_dir)))

        # validデータを配置
        for file in valid_files:
            # ファイル名取得
            filename = os.path.basename(file)
            # 親ディレクトリ = ラベル 取得
            p_dir = os.path.split(os.path.split(file)[0])[1]

            shutil.copy(file, '%s/valid/%i/%i/'%(o_path,ho,int(p_dir)))

# ディレクトリとラベルの紐づけ書き出し

# ラベルとの紐づけ --- ②
str = \
    '0:airplanes,1:Motorbikes,2:Faces_easy,3:watch,4:Leopards,5:bonsai'
f = open('%s/label.csv'%o_path, 'w')
f.write(str)
f.close()


##############################
## Yolo 用              ##
##############################

# データ配置用 root_path
yolo_path = '../../data/Yolo'
if not os.path.exists('%s/train/'%yolo_path):
    os.makedirs('%s/train/'%yolo_path)
if not os.path.exists('%s/test/'%yolo_path):
    os.makedirs('%s/test/'%yolo_path)
```

data_augmentation.py（リスト 4.2/4.3）

```
# -*- coding: utf-8 -*-
from datetime import datetime
from glob import glob
import os, shutil
import numpy as np
import skimage.io
import skimage.transform
from skimage.transform import AffineTransform, warp
from skimage.transform import resize, SimilarityTransform

# 画像読み込み
def load(paths_train):
    images = []
    imagenames = []
    labels = []

    for i, path in enumerate(paths_train):
        image = resize(skimage.io.imread(path), (224,224))
        imagename = os.path.basename(path)
        label = os.path.basename(os.path.dirname(path))
        images.append(image)
        imagenames.append(imagename)
```

```
        labels.append(label)

    return images, imagenames, labels
# 変換実行
def fast_warp(img, tf, output_shape=(50, 50), mode='constant',
        order=1):
    m = tf.params
    return warp(img, m, output_shape=output_shape, mode=mode,
        order=order)

def build_centering_transform(image_shape, target_shape=(50, 50)):

    if len(image_shape) == 2:
        rows, cols = image_shape
    else:
        rows, cols, _ = image_shape
    trows, tcols = target_shape
    shift_x = (cols - tcols) / 2.0
    shift_y = (rows - trows) / 2.0
    return SimilarityTransform(translation=(shift_x, shift_y))

def build_center_uncenter_transforms(image_shape):
    center_shift = \
        np.array([image_shape[1], image_shape[0]]) / 2.0 - 0.5
    tform_uncenter = SimilarityTransform(translation=-center_shift)
    tform_center = SimilarityTransform(translation=center_shift)
    return tform_center, tform_uncenter

def build_transform(zoom=(1.0, 1.0), rot=0, shear=0, trans=(0, 0),
        flip=False):
    if flip:
        shear += 180
        rot += 180

    r_rad = np.deg2rad(rot)
    s_rad = np.deg2rad(shear)
    tform_augment = AffineTransform(scale=(1/zoom[0], 1/zoom[1]),
        rotation=r_rad, shear=s_rad, translation=trans)
    return tform_augment

def random_transform(zoom_range, rotation_range, shear_range,
        translation_range, do_flip=True, allow_stretch=False,
        rng=np.random):
    shift_x = rng.uniform(*translation_range)
    shift_y = rng.uniform(*translation_range)
    translation = (shift_x, shift_y)

    rotation = rng.uniform(*rotation_range)
    shear = rng.uniform(*shear_range)

    if do_flip:
        flip = (rng.randint(2) > 0)
    else:
        flip = False

    log_zoom_range = [np.log(z) for z in zoom_range]
```

```python
    if isinstance(allow_stretch, float):
      log_stretch_range = \
          [-np.log(allow_stretch), np.log(allow_stretch)]
      zoom = np.exp(rng.uniform(*log_zoom_range))
      stretch = np.exp(rng.uniform(*log_stretch_range))
      z_x = zoom * stretch
      z_y = zoom / stretch
    elif allow_stretch is True:
      z_x = np.exp(rng.uniform(*log_zoom_range))
      z_y = np.exp(rng.uniform(*log_zoom_range))
    else:
      z_x = z_y = np.exp(rng.uniform(*log_zoom_range))

    return build_transform((z_x, z_y), rotation, shear, translation,
        flip)

# 変換のパラメータを作成
def perturb(img, augmentation_params, t_shape=(50, 50),
    rng=np.random):
  tf_centering = build_centering_transform(img.shape, t_shape)
  tf_center, tf_uncenter = \
      build_center_uncenter_transforms(img.shape)
  tf_aug = random_transform(rng=rng, **augmentation_params)
  tf_aug = tf_uncenter + tf_aug + tf_center
  tf_aug = tf_centering + tf_aug
  warp_one = fast_warp(img, tf_aug, output_shape=t_shape,
      mode='constant')
  return warp_one.astype('float32')



# メイン処理
path_root = '../../data/Caltech-101'

shutil.rmtree('../../data/Caltech-101/train_org')

# trainディレクトリを退避
os.rename("../../data/Caltech-101/train",
          "../../data/Caltech-101/train_org")

# validディレクトリを退避
os.rename("../../data/Caltech-101/valid",
          "../../data/Caltech-101/valid_org")

# testディレクトリを退避
os.rename("../../data/Caltech-101/test",
          "../../data/Caltech-101/test_org")

# ディレクトリが存在しなかったら作成する。
if not os.path.exists('../../data/Caltech-101/train/all'):
  os.makedirs('../../data/Caltech-101/train/all')
if not os.path.exists('../../data/Caltech-101/valid/all'):
  os.makedirs('../../data/Caltech-101/valid/all')
if not os.path.exists('../../data/Caltech-101/test/all'):
  os.makedirs('../../data/Caltech-101/test/all')
for ho in range(0, 2):
  for aug in xrange(5):
```

```
        if not os.path.exists(
            '../../data/Caltech-101/train/%i/%i'%(ho, aug)):
            os.makedirs('../../data/Caltech-101/train/%i/%i'%(ho, aug))
        if not os.path.exists(
            '../../data/Caltech-101/valid/%i/%i'%(ho,aug)):
            os.makedirs('../../data/Caltech-101/valid/%i/%i'%(ho,aug))
        if not os.path.exists('../../data/Caltech-101/test/%i'%aug):
            os.makedirs('../../data/Caltech-101/test/%i'%aug)

# data_augmentation パラメータ
augmentation_params = {
    # 拡縮（アスペクト比を固定）
    'zoom_range': (1 / 1, 1),
    # 回転の角度
    'rotation_range': (-15, 15),
    # せん断
    'shear_range': (-20, 20),
    # 平行移動
    'translation_range': (-30, 30),
    # 反転
    'do_flip': False,
    # 伸縮（アスペクト比を固定しない）
    'allow_stretch': 1.3,
}

# HoldOutのために2回繰り返す
for ho in xrange(0, 2):

    paths_train =
        sorted(glob('%s/train_org/%i/*/*.jpg'%(path_root, ho)))
    paths_valid =
        sorted(glob('%s/valid_org/%i/*/*.jpg'%(path_root, ho)))
    paths_test = sorted(glob('%s/test_org/*/*.jpg'%path_root))

    # 画像読み込み
    images_train, imagenames_train, labels_train = load(paths_train)
    images_valid, imagenames_valid, labels_valid = load(paths_valid)
    images_test, imagenames_test, labels_test = load(paths_test)

    # 5倍に増やすので、5回繰り返す
    for s in xrange(5):
        seed = ho * 5 + s
        np.random.seed(seed)

        # trainデータ作成
        path_output = '%s/train/%i/%i'%(path_root, ho, s)

        # ディレクトリの作成
        if not os.path.exists(path_output):
            os.makedirs(path_output)

        # 画像数分繰り返す
        for i, image in enumerate(images_train):
            path_dir = os.path.join(path_output, labels_train[i])
            all_path_dir =
                os.path.join(path_root, 'train/all', labels_train[i])
            if not os.path.exists(path_dir):
```

```python
        os.mkdir(path_dir)
    if not os.path.exists(all_path_dir):
        os.makedirs(all_path_dir)
    name = imagenames_train[i]
    # augmentation実行
    image = perturb(image, augmentation_params, (224, 224))
    skimage.io.imsave(os.path.join(path_dir, name), image)
    # augmentしたデータを一つのディレクトリにまとめる。
    # ResNet用
    path_output_tmp = '%s/train/all/'%(path_root)
    path_dir_tmp = os.path.join(path_output_tmp, labels_train[i])
    name_tmp = \
        name.split(".")[0] + "_" + str(seed) + "." + name.split(".")[1]
    skimage.io.imsave(os.path.join(path_dir_tmp, name_tmp), image)


# validデータ作成
path_output = '%s/valid/%i/%i'%(path_root, ho, s)

# ディレクトリの作成
if not os.path.exists(path_output):
    os.makedirs(path_output)

# 画像数分繰り返す
for i, image in enumerate(images_valid):
    path_dir = os.path.join(path_output, labels_valid[i])
    all_path_dir = \
        os.path.join(path_root, 'valid/all', labels_valid[i])
    if not os.path.exists(path_dir):
        os.mkdir(path_dir)
    if not os.path.exists(all_path_dir):
        os.makedirs(all_path_dir)
    name = imagenames_valid[i]
    # augmentation実行
    image = perturb(image, augmentation_params, (224, 224))
    skimage.io.imsave(os.path.join(path_dir, name), image)
    # augmentしたデータを一つのディレクトリにまとめる。
    # ResNet用
    path_output_tmp = '%s/valid/all/'%(path_root)
    path_dir_tmp = os.path.join(path_output_tmp, labels_valid[i])
    name_tmp = name.split(".")[0] + "_" + str(seed) + "." + \
        name.split(".")[1]
    skimage.io.imsave(os.path.join(path_dir_tmp, name_tmp), image)

if ho == 0:

    # testデータ作成
    path_output = '%s/test/%i'%(path_root, s)

    # ディレクトリの作成
    if not os.path.exists(path_output):
        os.makedirs(path_output)

    # 画像数分繰り返す
    for i, image in enumerate(images_test):
        path_dir = os.path.join(path_output, labels_test[i])
        all_path_dir = \
```

```
                    os.path.join(path_root, 'test/all', labels_test[i])
      if not os.path.exists(path_dir):
        os.mkdir(path_dir)
      if not os.path.exists(all_path_dir):
        os.makedirs(all_path_dir)
      name = imagenames_test[i]
      # augmentation実行
      image = perturb(image, augmentation_params, (224, 224))
      skimage.io.imsave(os.path.join(path_dir, name), image)
      # augmentしたデータを一つのディレクトリにまとめる。
      # ResNet用
      path_output_tmp = '%s/test/all/'%(path_root)
      path_dir_tmp = os.path.join(path_output_tmp, labels_test[i])
      name_tmp = name.split(".")[0] + "_" + str(seed) + "." +
                 name.split(".")[1]
      skimage.io.imsave(os.path.join(path_dir_tmp, name_tmp), image)
```

9_Layer_CNN.py(リスト4.4-4.8)

```python
# -*- coding: utf-8 -*-

import numpy as np
from numpy.random import permutation

import os, glob, cv2, math, sys
import pandas as pd

from keras.models import Sequential, model_from_json
from keras.layers.core import Dense, Dropout, Flatten
from keras.layers.convolutional import Convolution2D, MaxPooling2D
from keras.layers.advanced_activations import LeakyReLU
from keras.callbacks import ModelCheckpoint
from keras.optimizers import SGD
from keras.utils import np_utils

# seed値
np.random.seed(1)

# 使用する画像サイズ
img_rows, img_cols = 224, 224

# 画像データ 1枚の読み込みとリサイズを行う
def get_im(path):

    img = cv2.imread(path)
    resized = cv2.resize(img, (img_cols, img_rows))

    return resized


# データの読み込み、正規化、シャッフルを行う
def read_train_data(ho=0, kind='train'):

    train_data = []
    train_target = []

    # 学習用データ読み込み
    for j in range(0, 6): # 0~5まで
```

```python
    path = '../../data/Caltech-101/'
    path += '%s/%i/*/%i/*.jpg'%(kind, ho, j)

    files = sorted(glob.glob(path))

    for fl in files:

        flbase = os.path.basename(fl)

        # 画像 1枚 読み込み
        img = get_im(fl)
        img = np.array(img, dtype=np.float32)

        # 正規化(GCN)実行
        img -= np.mean(img)
        img /= np.std(img)

        train_data.append(img)
        train_target.append(j)

# 読み込んだデータを numpy の array に変換
train_data = np.array(train_data, dtype=np.float32)
train_target = np.array(train_target, dtype=np.uint8)

# (レコード数,縦,横,channel数) を (レコード数,channel数,縦,横) に変換
train_data = train_data.transpose((0, 3, 1, 2))

# target を 6次元のデータに変換。
# ex) 1 -> 0,1,0,0,0,0   2 -> 0,0,1,0,0,0
train_target = np_utils.to_categorical(train_target, 6)

# データをシャッフル
perm = permutation(len(train_target))
train_data = train_data[perm]
train_target = train_target[perm]

return train_data, train_target

# テストデータ読み込み
def load_test(test_class, aug_i):

    path = '../../data/Caltech-101/test/%i/%i/*.jpg'%(aug_i, test_class)

    files = sorted(glob.glob(path))
    X_test = []
    X_test_id = []

    for fl in files:
        flbase = os.path.basename(fl)

        img = get_im(fl)
        img = np.array(img, dtype=np.float32)

        # 正規化(GCN)実行
        img -= np.mean(img)
        img /= np.std(img)
```

```python
        X_test.append(img)
        X_test_id.append(flbase)

    # 読み込んだデータを numpy の array に変換
    test_data = np.array(X_test, dtype=np.float32)

    # (レコード数,縦,横,channel数) を (レコード数,channel数,縦,横) に変換
    test_data = test_data.transpose((0, 3, 1, 2))

    return test_data, X_test_id


# 9層 CNNモデル 作成
def layer_9_model():

    # KerasのSequentialをモデルの元として使用 ---①
    model = Sequential()

    # 畳み込み層(Convolution)をモデルに追加 ---②
    model.add(Convolution2D(32, 3, 3, border_mode='same',
        activation='linear', input_shape=(3, img_rows, img_cols)))
    model.add(LeakyReLU(alpha=0.3))

    model.add(Convolution2D(32, 3, 3, border_mode='same',
        activation='linear'))
    model.add(LeakyReLU(alpha=0.3))

    # プーリング層(MaxPooling)をモデルに追加 ---③
    model.add(MaxPooling2D((2, 2), strides=(2, 2)))

    model.add(Convolution2D(64, 3, 3, border_mode='same',
        activation='linear'))
    model.add(LeakyReLU(alpha=0.3))
    model.add(Convolution2D(64, 3, 3, border_mode='same',
        activation='linear'))
    model.add(LeakyReLU(alpha=0.3))
    model.add(MaxPooling2D((2, 2), strides=(2, 2)))

    model.add(Convolution2D(128, 3, 3, border_mode='same',
        activation='linear'))
    model.add(LeakyReLU(alpha=0.3))
    model.add(Convolution2D(128, 3, 3, border_mode='same',
        activation='linear'))
    model.add(LeakyReLU(alpha=0.3))
    model.add(MaxPooling2D((2, 2), strides=(2, 2)))

    # Flatten層をモデルに追加 -- ④
    model.add(Flatten())
    # 全接続層(Dense)をモデルに追加 --- ⑤
    model.add(Dense(1024, activation='linear'))
    model.add(LeakyReLU(alpha=0.3))
    # Dropout層をモデルに追加 --- ⑥
    model.add(Dropout(0.5))
    model.add(Dense(1024, activation='linear'))
    model.add(LeakyReLU(alpha=0.3))
    model.add(Dropout(0.5))
    # 最終的なアウトプットを作成。 --- ⑦
```

```python
    model.add(Dense(6, activation='softmax'))

    # ロス計算や勾配計算に使用する式を定義する。 --- ⑧
    sgd = SGD(lr=1e-3, decay=1e-6, momentum=0.9, nesterov=True)
    model.compile(optimizer=sgd,
        loss='categorical_crossentropy', metrics=["accuracy"])
    return model


# モデルの構成と重みを読み込む
def read_model(ho, modelStr='', epoch='00'):
    # モデル構成のファイル名
    json_name = 'architecture_%s_%i.json'%(modelStr, ho)
    # モデル重みのファイル名
    weight_name = 'model_weights_%s_%i_%s.h5'%(modelStr, ho, epoch)

    # モデルの構成を読込み、jsonからモデルオブジェクトへ変換
    model = \
        model_from_json(open(os.path.join('cache', json_name)).read())
    # モデルオブジェクトへ重みを読み込む
    model.load_weights(os.path.join('cache', weight_name))

    return model


# モデルの構成を保存
def save_model(model, ho, modelStr=''):
    # モデルオブジェクトをjson形式に変換
    json_string = model.to_json()
    # カレントディレクトリにcacheディレクトリがなければ作成
    if not os.path.isdir('cache'):
        os.mkdir('cache')
    # モデルの構成を保存するためのファイル名
    json_name = 'architecture_%s_%i.json'%(modelStr, ho)
    # モデル構成を保存
    open(os.path.join('cache', json_name), 'w').write(json_string)


def run_train(modelStr=''):

    # HoldOut 2回行う
    for ho in range(2):

        # モデルの作成
        model = layer_9_model()

        # trainデータ読み込み
        t_data, t_target = read_train_data(ho, 'train')
        v_data, v_target = read_train_data(ho, 'valid')

        # CheckPointを設定。エポックごとにweightsを保存する。
        cp = ModelCheckpoint(
            './cache/model_weights_%s_%i_{epoch:02d}.h5'%(modelStr, ho),
            monitor='val_loss', save_best_only=False)

        # train実行
        model.fit(t_data, t_target, batch_size=64,
            nb_epoch=40,
```

```
                verbose=1,
                validation_data=(v_data, v_target),
                shuffle=True,
                callbacks=[cp])

    # モデルの構成を保存
    save_model(model, ho, modelStr)


# テストデータのクラスを推測
def run_test(modelStr, epoch1, epoch2):

    # クラス名取得
    columns = []
    for line in open("../../data/Caltech-101/label.csv", 'r'):
        sp = line.split(',')
        for column in sp:
            columns.append(column.split(":")[1])

    # テストデータが各クラスに分かれているので、
    # 1クラスずつ読み込んで推測を行う。
    for test_class in range(0, 6):

        yfull_test = []

        # データ拡張した画像を読み込むために5回繰り返す
        for aug_i in range(0,5):

            # テストデータを読み込む
            test_data, test_id = load_test(test_class, aug_i)

            # HoldOut 2回繰り返す
            for ho in range(2):

                if ho == 0:
                    epoch_n = epoch1
                else:
                    epoch_n = epoch2

                # 学習済みモデルの読み込み
                model = read_model(ho, modelStr, epoch_n)

                # 推測の実行
                test_p = model.predict(test_data, batch_size=128, verbose=1)

                yfull_test.append(test_p)

        # 推測結果の平均化
        test_res = np.array(yfull_test[0])
        for i in range(1,10):
            test_res += np.array(yfull_test[i])
        test_res /= 10

        # 推測結果とクラス名、画像名を合わせる
        result1 = pd.DataFrame(test_res, columns=columns)
        result1.loc[:, 'img'] = pd.Series(test_id, index=result1.index)
```

```python
    # 順番入れ替え
    result1 = result1.ix[:,[6, 0, 1, 2, 3, 4, 5]]

    if not os.path.isdir('subm'):
      os.mkdir('subm')
    sub_file = './subm/result_%s_%i.csv'%(modelStr, test_class)

    # 最終推測結果を出力する
    result1.to_csv(sub_file, index=False)

    # 推測の精度を測定する。
    # 一番大きい値が入っているカラムがtest_classであるレコードを探す
    one_column = np.where(np.argmax(test_res, axis=1)==test_class)
    print ("正解数   " + str(len(one_column[0])))
    print ("不正解数 " + str(test_res.shape[0] - len(one_column[0])))




# 実行した際に呼ばれる
if __name__ == '__main__':

  # 引数を取得
  # [1] = train or test
  # [2] = test時のみ、使用Epoch数 1
  # [3] = test時のみ、使用Epoch数 2
  param = sys.argv

  if len(param) < 2:
    sys.exit ("Usage: python 9_Layer_CNN.py [train, test] [1] [2]")

  # train or test
  run_type = param[1]

  if run_type == 'train':
    run_train('9_Layer_CNN')
  elif run_type == 'test':
    # testの場合、使用するエポック数を引数から取得する
    if len(param) == 4:
      epoch1 = "%02d"%(int(param[2])-1)
      epoch2 = "%02d"%(int(param[3])-1)
      run_test('9_Layer_CNN', epoch1, epoch2)
    else:
      sys.exit ("Usage: python 9_Layer_CNN.py [train, test] [1] [2]")
  else:
    sys.exit ("Usage: python 9_Layer_CNN.py [train, test] [1] [2]")
```

VGG_16.py（リスト 4.9）

```python
#!/usr/bin/env python
# -*- coding: utf-8 -*-
from __future__ import print_function
import glob
import math
import os
import sys
```

```python
import cv2
import h5py
import numpy as np
import pandas as pd
from keras.models import Sequential, model_from_json
from keras.layers.core import Dense, Dropout, Flatten
from keras.layers.convolutional import Convolution2D, MaxPooling2D, ZeroPadding2D
from keras.callbacks import ModelCheckpoint
from keras.optimizers import SGD
from keras.utils import np_utils

# seed値
np.random.seed(2016)

# 使用する画像サイズ
img_rows, img_cols = 224, 224

# 画像データ 1枚の読み込みとリサイズを行う
def get_im(path):

    img = cv2.imread(path)
    resized = cv2.resize(img, (img_cols, img_rows))

    return resized

# データの読み込み、正規化、シャッフルを行う
def read_train_data(ho=0, kind='train'):

    train_data = []
    train_target = []

    # 学習用データ読み込み
    for j in range(0, 6):  # 0〜5まで

        path = '../../data/Caltech-101/'
        path += '%s/%i/*/%i/*.jpg'%(kind, ho, j)

        files = sorted(glob.glob(path))

        for fl in files:

            flbase = os.path.basename(fl)

            # 画像 1枚 読み込み
            img = get_im(fl)
            img = np.array(img, dtype=np.float32)

            # 正規化(GCN)実行
            img -= np.mean(img)
            img /= np.std(img)

            train_data.append(img)
            train_target.append(j)

    # 読み込んだデータを numpy の array に変換
    train_data = np.array(train_data, dtype=np.float32)
```

```python
    train_target = np.array(train_target, dtype=np.uint8)

    # (レコード数,縦,横,channel数) を (レコード数,channel数,縦,横) に変換
    train_data = train_data.transpose((0, 3, 1, 2))

    # target を 6次元のデータに変換。
    # ex) 1 -> 0,1,0,0,0,0    2 -> 0,0,1,0,0,0
    train_target = np_utils.to_categorical(train_target, 6)

    # データをシャッフル
    perm = np.random.permutation(len(train_target))
    train_data = train_data[perm]
    train_target = train_target[perm]

    return train_data, train_target

# テストデータ読み込み
def load_test(test_class, aug_i):

    path = '../../data/Caltech-101/test/%i/%i/*.jpg'%(aug_i, test_class)

    files = sorted(glob.glob(path))
    X_test = []
    X_test_id = []

    for fl in files:
        flbase = os.path.basename(fl)

        img = get_im(fl)
        img = np.array(img, dtype=np.float32)

        # 正規化(GCN)実行
        img -= np.mean(img)
        img /= np.std(img)

        X_test.append(img)
        X_test_id.append(flbase)

    # 読み込んだデータを numpy の array に変換
    test_data = np.array(X_test, dtype=np.float32)

    # (レコード数,縦,横,channel数) を (レコード数,channel数,縦,横) に変換
    test_data = test_data.transpose((0, 3, 1, 2))

    return test_data, X_test_id

# VGG-16 モデル 作成
def vgg16_model():

    # KerasのSequentialをモデルの元として使用    ---①
    model = Sequential()

    model.add(ZeroPadding2D((1, 1), input_shape=(3, 224, 224)))
    model.add(Convolution2D(64, 3, 3, activation='relu'))
    model.add(ZeroPadding2D((1, 1)))
    model.add(Convolution2D(64, 3, 3, activation='relu'))
    model.add(MaxPooling2D((2, 2), strides=(2, 2)))
```

```python
        model.add(ZeroPadding2D((1, 1)))
        model.add(Convolution2D(128, 3, 3, activation='relu'))
        model.add(ZeroPadding2D((1, 1)))
        model.add(Convolution2D(128, 3, 3, activation='relu'))
        model.add(MaxPooling2D((2, 2), strides=(2, 2)))

        model.add(ZeroPadding2D((1, 1)))
        model.add(Convolution2D(256, 3, 3, activation='relu'))
        model.add(ZeroPadding2D((1, 1)))
        model.add(Convolution2D(256, 3, 3, activation='relu'))
        model.add(ZeroPadding2D((1, 1)))
        model.add(Convolution2D(256, 3, 3, activation='relu'))
        model.add(MaxPooling2D((2, 2), strides=(2, 2)))

        model.add(ZeroPadding2D((1, 1)))
        model.add(Convolution2D(512, 3, 3, activation='relu'))
        model.add(ZeroPadding2D((1, 1)))
        model.add(Convolution2D(512, 3, 3, activation='relu'))
        model.add(ZeroPadding2D((1, 1)))
        model.add(Convolution2D(512, 3, 3, activation='relu'))
        model.add(MaxPooling2D((2, 2), strides=(2, 2)))

        model.add(ZeroPadding2D((1, 1)))
        model.add(Convolution2D(512, 3, 3, activation='relu'))
        model.add(ZeroPadding2D((1, 1)))
        model.add(Convolution2D(512, 3, 3, activation='relu'))
        model.add(ZeroPadding2D((1, 1)))
        model.add(Convolution2D(512, 3, 3, activation='relu'))
        model.add(MaxPooling2D((2, 2), strides=(2, 2)))

        model.add(Flatten())
        model.add(Dense(4096, activation='relu'))
        model.add(Dropout(0.5))
        model.add(Dense(4096, activation='relu'))
        model.add(Dropout(0.5))

        # VGG16 pre-trainedモデルの読み込み --- ②
        f = h5py.File('../../data/VGG16/vgg16_weights.h5')
        for k in range(f.attrs['nb_layers']):
          if k >= len(model.layers):
            # we don't look at the last (fully-connected) layers in
            # the savefile
            break
          g = f['layer_{}'.format(k)]
          weights =
              [g['param_{}'.format(p)] for p in range(g.attrs['nb_params'])]
          model.layers[k].set_weights(weights)
        f.close()

        # 最終的なアウトプットを作成 -- ③
        model.add(Dense(6, activation='softmax'))

        # ロス計算や勾配計算に使用する式を定義する。
        sgd = SGD(lr=1e-3, decay=1e-6, momentum=0.9, nesterov=True)
        model.compile(optimizer=sgd,
            loss='categorical_crossentropy', metrics=["accuracy"])
        return model
```

```python
# モデルの構成と重みを読み込む
def read_model(ho, modelStr='', epoch='00'):
    # モデル構成のファイル名
    json_name = 'architecture_%s_%i.json'%(modelStr, ho)
    # モデル重みのファイル名
    weight_name = 'model_weights_%s_%i_%s.h5'%(modelStr, ho, epoch)

    # モデルの構成を読込み、jsonからモデルオブジェクトへ変換
    model = \
        model_from_json(open(os.path.join('cache', json_name)).read())
    # モデルオブジェクトへ重みを読み込む
    model.load_weights(os.path.join('cache', weight_name))

    return model

# モデルの構成を保存
def save_model(model, ho, modelStr=''):
    # モデルオブジェクトをjson形式に変換
    json_string = model.to_json()
    # カレントディレクトリにcacheディレクトリがなければ作成
    if not os.path.isdir('cache'):
        os.mkdir('cache')
    # モデルの構成を保存するためのファイル名
    json_name = 'architecture_%s_%i.json'%(modelStr, ho)
    # モデル構成を保存
    open(os.path.join('cache', json_name), 'w').write(json_string)


def run_train(modelStr=''):

    # Cacheディレクトリの作成
    if not os.path.isdir('./cache'):
        os.mkdir('./cache')

    # HoldOut 2回行う
    for ho in range(2):

        # モデルの作成
        model = vgg16_model()

        # trainデータ読み込み
        t_data, t_target = read_train_data(ho, 'train')
        v_data, v_target = read_train_data(ho, 'valid')

        # CheckPointを設定。エポックごとにweightsを保存する。
        cp = ModelCheckpoint(
            './cache/model_weights_%s_%i_{epoch:02d}.h5'%(modelStr, ho),
            monitor='val_loss', save_best_only=False)

        # train実行
        model.fit(t_data, t_target, batch_size=32,
            nb_epoch=10,
            verbose=1,
            validation_data=(v_data, v_target),
            shuffle=True,
            callbacks=[cp])
```

```python
    # モデルの構成を保存
    save_model(model, ho, modelStr)

# テストデータのクラスを推測
def run_test(modelStr, epoch1, epoch2):

  # クラス名取得
  columns = []
  for line in open("../../data/Caltech-101/label.csv", 'r'):
    sp = line.split(',')
    for column in sp:
      columns.append(column.split(":")[1])

  # テストデータが各クラスに分かれているので、
  # 1クラスずつ読み込んで推測を行う。
  for test_class in range(0, 6):

    yfull_test = []

    # データ拡張した画像を読み込むために5回繰り返す
    for aug_i in range(0,5):

      # テストデータを読み込む
      test_data, test_id = load_test(test_class, aug_i)

      #print test_id

      # HoldOut 2回繰り返す
      for ho in range(2):

        if ho == 0:
          epoch_n = epoch1
        else:
          epoch_n = epoch2

        # 学習済みモデルの読み込み
        model = read_model(ho, modelStr, epoch_n)

        # 推測の実行
        test_p = model.predict(test_data, batch_size=128, verbose=1)

        yfull_test.append(test_p)

    # 推測結果の平均化
    test_res = np.array(yfull_test[0])
    for i in range(1,10):
      test_res += np.array(yfull_test[i])
    test_res /= 10

    # 推測結果とクラス名、画像名を合わせる
    result1 = pd.DataFrame(test_res, columns=columns)
    result1.loc[:, 'img'] = pd.Series(test_id, index=result1.index)

    # 順番入れ替え
    result1 = result1.ix[:,[6, 0, 1, 2, 3, 4, 5]]
```

```python
    if not os.path.isdir('subm'):
      os.mkdir('subm')
    sub_file = './subm/result_%s_%i.csv'%(modelStr, test_class)

    # 最終推測結果を出力する
    result1.to_csv(sub_file, index=False)

    # 推測の精度を測定する。
    # 一番大きい値が入っているカラムがtest_classであるレコードを探す
    one_column = np.where(np.argmax(test_res, axis=1)==test_class)
    print ("正解数  " + str(len(one_column[0])))
    print ("不正解数 " + str(test_res.shape[0] - len(one_column[0])))

# 実行した際に呼ばれる
if __name__ == '__main__':

    # 引数を取得
    # [1] = train or test
    # [2] = test時のみ、使用Epoch数 1
    # [3] = test時のみ、使用Epoch数 2
    param = sys.argv

    if len(param) < 2:
      print("Usage: python VGG_16.py [train, test] [1] [2]")
      sys.exit(1)

    # train or test
    run_type = param[1]

    if run_type == 'train':
      run_train('VGG_16')
    elif run_type == 'test':
      # testの場合、使用するエポック数を引数から取得する
      if len(param) == 4:
        epoch1 = "%02d"%(int(param[2])-1)
        epoch2 = "%02d"%(int(param[3])-1)
        run_test('VGG_16', epoch1, epoch2)
      else:
        print("Usage: python VGG_16.py [train, test] [1] [2]")
        sys.exit(1)
```

datasets/caltech101.lua（リスト 4.10）

```lua
--
--  Copyright (c) 2016, Facebook, Inc.
--  All rights reserved.
--
--  This source code is licensed under the BSD-style license found
--  in the LICENSE file in the root directory of this source tree.
--  An additional grant of patent rights can be found in the PATENTS
--  file in the same directory.
--
--  Caltech dataset loader
--

local image = require 'image'
local paths = require 'paths'
local t = require 'datasets/transforms'
```

```lua
local ffi = require 'ffi'

local M = {}
local CaltechDataset = torch.class('resnet.CaltechDataset', M)

function CaltechDataset:__init(imageInfo, opt, split)
   self.imageInfo = imageInfo[split]
   self.opt = opt
   self.split = split
   self.dir = paths.concat(opt.data, split)
   assert(paths.dirp(self.dir),'directory does not exist: '..self.dir)
end

function CaltechDataset:get(i)
   local path = ffi.string(self.imageInfo.imagePath[i]:data())

   local image = self:_loadImage(paths.concat(self.dir, path))
   local class = self.imageInfo.imageClass[i]

   return {
      input = image,
      target = class,
      -- FWD
      path = path,
      -- /FWD
   }
end

function CaltechDataset:_loadImage(path)
   local ok, input = pcall(function()
      return image.load(path, 3, 'float')
   end)

   -- Sometimes image.load fails because the file extension does not
   -- match the image format. In that case, use image.decompress on
   -- a ByteTensor.
   if not ok then
      local f = io.open(path, 'r')
      assert(f, 'Error reading: ' .. tostring(path))
      local data = f:read('*a')
      f:close()

      local b = torch.ByteTensor(string.len(data))
      ffi.copy(b:data(), data, b:size(1))

      input = image.decompress(b, 3, 'float')
   end

   return input
end

function CaltechDataset:size()
   return self.imageInfo.imageClass:size(1)
end

-- トレーニングデータセットから事前に計算した平均値・標準偏差
-- (calculate_meanstd.pyを使用)
local meanstd = {
```

```
         mean = { 0.483, 0.457, 0.420 },
         std = { 0.349, 0.343, 0.348 },
}

function CaltechDataset:preprocess()
   if self.split == 'train/all' then
      return t.Compose{
         t.ColorNormalize(meanstd),
      }
   elseif self.split == 'valid/all' then
      local Crop = self.opt.tenCrop and t.TenCrop or t.CenterCrop
      return t.Compose{
         t.ColorNormalize(meanstd),
      }
   elseif self.split == 'test/all' then
      local Crop = self.opt.tenCrop and t.TenCrop or t.CenterCrop
      return t.Compose{
         t.Resize(224, 224),
         t.ColorNormalize(meanstd),
      }
   else
      error('invalid split: ' .. self.split)
   end
end

return M.CaltechDataset
```

train.lua（リスト 4.11/4.12）

```
--
--  Copyright (c) 2016, Facebook, Inc.
--  All rights reserved.
--
--  This source code is licensed under the BSD-style license found in
--  the LICENSE file in the root directory of this source tree. An
--  additional grant of patent rights can be found in the PATENTS
--  file in the same directory.
--
--  The training loop and learning rate schedule
--

local optim = require 'optim'

local M = {}
local Trainer = torch.class('resnet.Trainer', M)

function Trainer:__init(model, criterion, opt, optimState)
   self.model = model
   self.criterion = criterion
   self.optimState = optimState or {
      learningRate = opt.LR,
      learningRateDecay = 0.0,
      momentum = opt.momentum,
      nesterov = true,
      dampening = 0.0,
      weightDecay = opt.weightDecay,
   }
   self.opt = opt
```

```
    self.params, self.gradParams = model:getParameters()
end

function Trainer:train(epoch, dataloader)
    -- Trains the model for a single epoch
    self.optimState.learningRate = self:learningRate(epoch)

    local timer = torch.Timer()
    local dataTimer = torch.Timer()

    local function feval()
        return self.criterion.output, self.gradParams
    end

    local trainSize = dataloader:size()
    local top1Sum, top5Sum, lossSum = 0.0, 0.0, 0.0
    local N = 0

    print('=> Training epoch # ' .. epoch)
    -- set the batch norm to training mode
    self.model:training()
    for n, sample in dataloader:run() do
        local dataTime = dataTimer:time().real

        -- Copy input and target to the GPU
        self:copyInputs(sample)

        local output = self.model:forward(self.input):float()
        local batchSize = output:size(1)
        local loss =
            self.criterion:forward(self.model.output, self.target)

        self.model:zeroGradParameters()
        self.criterion:backward(self.model.output, self.target)
        self.model:backward(self.input, self.criterion.gradInput)

        optim.sgd(feval, self.params, self.optimState)

        local top1, top5 = self:computeScore(output, sample.target, 1)
        top1Sum = top1Sum + top1*batchSize
        top5Sum = top5Sum + top5*batchSize
        lossSum = lossSum + loss*batchSize
        N = N + batchSize

        -- FWD
        -- print((' | Epoch: [%d][%d/%d]    Time %.3f  Data %.3f  Err
        --    %1.4f  top1 %7.3f  top5 %7.3f'):format( epoch, n,
        --    trainSize, timer:time().real, dataTime, loss, top1, top5))
        print((' | Epoch: [%d][%d/%d]    Time %.3f  Data %.3f  '+
            'Err %1.4f  top1 %7.3f'):format(epoch, n, trainSize,
            timer:time().real, dataTime, loss, top1))
        -- /FWD

        -- check that the storage didn't get changed do to
        -- an unfortunate getParameters call
        assert(self.params:storage() ==
            self.model:parameters()[1]:storage())
```

```
         timer:reset()
         dataTimer:reset()
      end

      return top1Sum / N, top5Sum / N, lossSum / N
end

function Trainer:test(epoch, dataloader)
   -- Computes the top-1 and top-5 err on the validation set
   local timer = torch.Timer()
   local dataTimer = torch.Timer()
   local size = dataloader:size()

   local nCrops = self.opt.tenCrop and 10 or 1
   local top1Sum, top5Sum = 0.0, 0.0
   local N = 0

   -- FWD
   local outputs = {}
   -- /FWD

   self.model:evaluate()
   for n, sample in dataloader:run() do
      local dataTime = dataTimer:time().real

      -- Copy input and target to the GPU
      self:copyInputs(sample)

      local output = self.model:forward(self.input):float()
      local batchSize = output:size(1) / nCrops
      local loss = self.criterion:forward(self.model.output,
         self.target)

      local top1, top5 = self:computeScore(output, sample.target,
         nCrops)
      top1Sum = top1Sum + top1*batchSize
      top5Sum = top5Sum + top5*batchSize
      N = N + batchSize

      -- FWD
      -- print((' | Test: [%d][%d/%d]    Time %.3f  Data %.3f  top1
      --    %7.3f (%7.3f)   top5 %7.3f (%7.3f)'):format(
      --    epoch, n, size, timer:time().real, dataTime, top1,
      --    top1Sum / N, top5, top5Sum / N))
      print((' | Test: [%d][%d/%d]    Time %.3f  Data %.3f  top1 '..
         '%7.3f (%7.3f)'):format(epoch, n, size, timer:time().real,
         dataTime, top1, top1Sum / N))
      -- /FWD

      -- FWD
      if sample.paths ~= nil then
         output = nn.SoftMax():forward(output)
         for i = 1, output:size(1) do
            local label = sample.target[i]
            if outputs[label] == nil then
               outputs[label] = {}
            end
            local filename = paths.basename(sample.paths[i])
```

```
            local probs = {filename}
            for j = 1, output:size(2) do
                table.insert(probs, output[i][j])
            end
            table.insert(outputs[label], probs)
         end
      end
      -- /FWD

      timer:reset()
      dataTimer:reset()
   end
   self.model:training()

   -- FWD
   -- print((' * Finished epoch # %d      top1: %7.3f  top5: %7.3f\n')
   --    :format(epoch, top1Sum / N, top5Sum / N))
   print((' * Finished epoch # %d      top1: %7.3f\n'):format(
      epoch, top1Sum / N))
   -- /FWD

   -- FWD
   -- return top1Sum / N, top5Sum / N
   return top1Sum / N, top5Sum / N, outputs
   -- /FWD
end

function Trainer:computeScore(output, target, nCrops)
   if nCrops > 1 then
      -- Sum over crops
      output = output:view(output:size(1) / nCrops, nCrops,
         output:size(2))
         --:exp()
         :sum(2):squeeze(2)
   end

   -- Coputes the top1 and top5 error rate
   local batchSize = output:size(1)

   local _ , predictions = output:float():sort(2, true) -- descending

   -- Find which predictions match the target
   local correct = predictions:eq(
      target:long():view(batchSize, 1):expandAs(output))

   -- Top-1 score
   local top1 = 1.0 - (correct:narrow(2, 1, 1):sum() / batchSize)

   -- Top-5 score, if there are at least 5 classes
   local len = math.min(5, correct:size(2))
   local top5 = 1.0 - (correct:narrow(2, 1, len):sum() / batchSize)

   return top1 * 100, top5 * 100
end

function Trainer:copyInputs(sample)
   -- Copies the input to a CUDA tensor, if using 1 GPU, or to pinned
   -- memory, if using DataParallelTable. The target is always copied
```

```
   -- to a CUDA tensor
   self.input = self.input or (self.opt.nGPU == 1
      and torch.CudaTensor()
      or cutorch.createCudaHostTensor())
   self.target = self.target or torch.CudaTensor()

   self.input:resize(sample.input:size()):copy(sample.input)
   self.target:resize(sample.target:size()):copy(sample.target)
end

function Trainer:learningRate(epoch)
   -- Training schedule
   local decay = 0
   if self.opt.dataset == 'imagenet' then
      decay = math.floor((epoch - 1) / 30)
   elseif self.opt.dataset == 'cifar10' then
      decay = epoch >= 122 and 2 or epoch >= 81 and 1 or 0
   end
   return self.opt.LR * math.pow(0.1, decay)
end

return M.Trainer
```

第 5 章

data_augmentation-2.py (リスト 5.4)

```
#!/usr/bin/env python
# -*- coding: utf-8 -*-
from __future__ import print_function
import os

import numpy as np
np.random.seed(2016)
from keras.preprocessing.image import transform_matrix_offset_center, \
                                      apply_transform, \
                                      flip_axis, \
                                      array_to_img, \
                                      list_pictures, \
                                      ImageDataGenerator, \
                                      Iterator

from image_ext import load_imgs_asarray


class ImagePairDataGenerator(ImageDataGenerator):

    def __init__(self, *args, **kwargs):
        super(ImagePairDataGenerator, self).__init__(*args, **kwargs)

    def flow(self, X, Y, batch_size=32, shuffle=True, seed=None,
             save_to_dir_x=None, save_to_dir_y=None,
             save_prefix_x='', save_prefix_y='',
             save_prefixes_x=None, save_prefixes_y=None,
             save_format='jpeg'):
        return NumpyArrayIterator(
            X, Y, self,
```

```python
              batch_size=batch_size, shuffle=shuffle, seed=seed,
              dim_ordering=self.dim_ordering,
              save_to_dir_x=save_to_dir_x, save_to_dir_y=save_to_dir_y,
              save_prefixes_x=save_prefixes_x, save_prefixes_y=save_prefixes_y,
              save_format=save_format)

    def flow_from_directory(self):
        raise NotImplementedError

    # 2画像x, yを引数に
    def random_transform(self, x, y):
        # バックエンドがTheano/TensorFlowのどちらでも同じ処理で変換を行えるよう
        # インデックスの位置を取得する
        # x is a single image, so it doesn't have image number at index 0
        img_row_index = self.row_index - 1
        img_col_index = self.col_index - 1
        img_channel_index = self.channel_index - 1

        # 変換のための行列を作る
        # use composition of homographies to generate final transform that
        # needs to be applied
        if self.rotation_range:
            theta = np.pi / 180 * np.random.uniform(-self.rotation_range,
                self.rotation_range)
        else:
            theta = 0
        rotation_matrix = np.array([[np.cos(theta), -np.sin(theta), 0],
                    [np.sin(theta), np.cos(theta), 0],
                    [0, 0, 1]])
        if self.height_shift_range:
            tx = np.random.uniform(-self.height_shift_range,
                self.height_shift_range) * x.shape[img_row_index]
        else:
            tx = 0

        if self.width_shift_range:
            ty = np.random.uniform(-self.width_shift_range,
                self.width_shift_range) * x.shape[img_col_index]
        else:
            ty = 0

        translation_matrix = np.array([[1, 0, tx],
                    [0, 1, ty],
                    [0, 0, 1]])
        if self.shear_range:
            shear = np.random.uniform(-self.shear_range, self.shear_range)
        else:
            shear = 0
        shear_matrix = np.array([[1, -np.sin(shear), 0],
                    [0, np.cos(shear), 0],
                    [0, 0, 1]])

        if self.zoom_range[0] == 1 and self.zoom_range[1] == 1:
            zx, zy = 1, 1
        else:
            zx, zy = np.random.uniform(self.zoom_range[0],
                self.zoom_range[1], 2)
        zoom_matrix = np.array([[zx, 0, 0],
```

```
                    [0, zy, 0],
                    [0, 0, 1]])

        transform_matrix = np.dot(np.dot(np.dot(rotation_matrix,
            translation_matrix), shear_matrix), zoom_matrix)

        h, w = x.shape[img_row_index], x.shape[img_col_index]
        transform_matrix = transform_matrix_offset_center(
                transform_matrix, h, w)
        x = apply_transform(x, transform_matrix, img_channel_index,
                fill_mode=self.fill_mode, cval=self.cval)

        # yにも同様の変換を施す
        y = apply_transform(y, transform_matrix, img_channel_index,
                fill_mode=self.fill_mode, cval=self.cval)

        # 実装されているチャンネルシフトは2画像に適用できないのでコメントアウト
        # if self.channel_shift_range != 0:
        #     x = random_channel_shift(x, self.channel_shift_range,
        #                              img_channel_index)

        if self.horizontal_flip:
            if np.random.random() < 0.5:
                x = flip_axis(x, img_col_index)
                # yも反転
                y = flip_axis(y, img_col_index)

        if self.vertical_flip:
            if np.random.random() < 0.5:
                x = flip_axis(x, img_row_index)
                # yも反転
                y = flip_axis(y, img_row_index)

        return x, y

class NumpyArrayIterator(Iterator):

    def __init__(self, X, Y, image_data_generator,
            batch_size=32, shuffle=False, seed=None,
            dim_ordering='default',
            save_to_dir_x=None, save_to_dir_y=None,
            save_prefix_x='', save_prefix_y='',
            save_prefixes_x=None, save_prefixes_y=None,
            save_format='jpeg'):
        if Y is not None and len(X) != len(Y):
            raise Exception('X (images tensor) and y (images tensor) '
                    'should have the same length. '
                    'Found: X.shape = %s, Y.shape = %s' %
                    (np.asarray(X).shape, np.asarray(Y).shape))
        if dim_ordering == 'default':
            dim_ordering = K.image_dim_ordering()
        self.X = X
        self.Y = Y
        self.image_data_generator = image_data_generator
        self.dim_ordering = dim_ordering
        self.save_to_dir_x = save_to_dir_x
        self.save_to_dir_y = save_to_dir_y
        self.save_prefix_x = save_prefix_x
```

```python
        self.save_prefix_y = save_prefix_y
        self.save_prefixes_x = save_prefixes_x
        self.save_prefixes_y = save_prefixes_y
        self.save_format = save_format
        super(NumpyArrayIterator, self).__init__(X.shape[0], batch_size,
            shuffle, seed)

    def next(self):
        # for python 2.x.
        # Keeps under lock only the mechanism which advances
        # the indexing of each batch
        # see http://anandology.com/blog/using-iterators-and-generators/
        with self.lock:
            index_array, current_index, current_batch_size = \
                next(self.index_generator)
        # The transformation of images is not under thread lock so it
        # can be done in parallel
        batch_x = np.zeros(tuple([current_batch_size] +
            list(self.X.shape)[1:]))
        batch_y = np.zeros(tuple([current_batch_size] +
            list(self.Y.shape)[1:]))
        if self.save_prefixes_x:
          batch_prefixes_x = ['' for i in range(current_batch_size)]
        if self.save_prefixes_y:
          batch_prefixes_y = ['' for i in range(current_batch_size)]
        for i, j in enumerate(index_array):
          x = self.X[j]
          y = self.Y[j]
          x, y = \
            self.image_data_generator.random_transform(x.astype('float32'),
                              y.astype('float32'))
          x = self.image_data_generator.standardize(x)
          batch_x[i] = x
          batch_y[i] = y
          if self.save_prefixes_x is not None:
            batch_prefixes_x[i] = self.save_prefixes_x[j]
          if self.save_prefixes_y is not None:
            batch_prefixes_y[i] = self.save_prefixes_y[j]
        hash_val = np.random.randint(1e4)

        if self.save_to_dir_x:
          for i in range(current_batch_size):
            img = array_to_img(batch_x[i], self.dim_ordering, scale=True)
            if self.save_prefixes_x is None:
              fname = '{prefix}_{index}_{hash}.{format}'.format(
                                  prefix=self.save_prefix_x,
                                  index=current_index + i,
                                  hash=hash_val,
                                  format=self.save_format)
            else:
              fname = '{prefix}_{index}_{hash}.{format}'.format(
                                  prefix=batch_prefixes_x[i],
                                  index=current_index + i,
                                  hash=hash_val,
                                  format=self.save_format)
            img.save(os.path.join(self.save_to_dir_x, fname))
        if self.save_to_dir_y:
          for i in range(current_batch_size):
```

```python
                img = array_to_img(batch_y[i], self.dim_ordering, scale=True)
                if self.save_prefixes_y is None:
                    fname = '{prefix}_{index}_{hash}.{format}'.format(
                                        prefix=self.save_prefix_y,
                                        index=current_index + i,
                                        hash=hash_val,
                                        format=self.save_format)
                else:
                    fname = '{prefix}_{index}_{hash}.{format}'.format(
                                        prefix=batch_prefixes_y[i],
                                        index=current_index + i,
                                        hash=hash_val,
                                        format=self.save_format)
                img.save(os.path.join(self.save_to_dir_y, fname))
        return batch_x, batch_y

def augment_img_pairs(dpath_src_x, dpath_src_y, dpath_dst_x,
                      dpath_dst_y, target_size,
                      grayscale_x=False, grayscale_y=False,
                      nb_times=1,
                      rotation_range=0.,
                      width_shift_range=0.,
                      height_shift_range=0.,
                      shear_range=0.,
                      zoom_range=0.,
                      dim_ordering='default'):
    print('loading images from ' + dpath_src_x)
    print('loading images from ' + dpath_src_y)

    # numpy.ndarray型で画像を取得
    fpaths_x = list_pictures(dpath_src_x)
    fpaths_y = list_pictures(dpath_src_y)

    fpaths_x = sorted(fpaths_x)
    fpaths_y = sorted(fpaths_y)

    X = load_imgs_asarray(fpaths_x, grayscale=grayscale_x,
                target_size=target_size, dim_ordering=dim_ordering)
    Y = load_imgs_asarray(fpaths_y, grayscale=grayscale_y,
                target_size=target_size, dim_ordering=dim_ordering)

    assert(len(X) == len(Y))
    nb_pairs = len(X)
    print('==> ' + str(nb_pairs) + ' pairs loaded')

    # データ生成器を準備
    datagen = ImagePairDataGenerator(rotation_range=rotation_range,
                    width_shift_range=width_shift_range,
                    height_shift_range=height_shift_range,
                    shear_range=shear_range,
                    zoom_range=zoom_range)

    # ファイル名（拡張子なし）を取得
    froots_x = []
    for fpath_x in fpaths_x:
        basename = os.path.basename(fpath_x)
        froot_x = os.path.splitext(basename)[0]
        froots_x.append(froot_x)
```

```python
        froots_y = []
        for fpath_y in fpaths_y:
            basename = os.path.basename(fpath_y)
            froot_y = os.path.splitext(basename)[0]
            froots_y.append(froot_y)

        # データを拡張
        print('augmenting data...')
        i = 0
        for batch in datagen.flow(X, Y, batch_size=nb_pairs, shuffle=False,
                    save_to_dir_x=dpath_dst_x,
                    save_to_dir_y=dpath_dst_y,
                    save_prefixes_x=froots_x,
                    save_prefixes_y=froots_y):
            i += 1
            if i >= nb_times:
                break
        print('==> ' + str(nb_times*nb_pairs) + ' pairs created')

if __name__ == '__main__':
    # オプション
    dname_out_suffix = '-aug'
    target_size = (224, 224)
    nb_times = 25
    rotation_range = 15
    width_shift_range = 0.15
    height_shift_range = 0.15
    shear_range = 0.35
    zoom_range = 0.3
    dim_ordering = 'th'

    # プロジェクト内のデータディレクトリーのパスを取得
    fpath_this = os.path.realpath(__file__)
    dpath_this = os.path.dirname(fpath_this)
    dpath_data = os.path.join(dpath_this, 'data')

    # トレーニングデータを拡張
    print('\n# training data augmentation')
    dpath_img_in = os.path.join(dpath_data, 'train')
    dpath_mask_in = os.path.join(dpath_data, 'train_mask')

    dpath_img_out = dpath_img_in + dname_out_suffix
    dpath_mask_out = dpath_mask_in + dname_out_suffix

    if not os.path.isdir(dpath_img_out):
        os.mkdir(dpath_img_out)
    if not os.path.isdir(dpath_mask_out):
        os.mkdir(dpath_mask_out)

    augment_img_pairs(dpath_img_in, dpath_mask_in,
            dpath_img_out, dpath_mask_out,
            target_size,
            grayscale_x=False, grayscale_y=True,
            nb_times=nb_times,
            rotation_range=rotation_range,
            width_shift_range=width_shift_range,
            height_shift_range=height_shift_range,
```

```python
                shear_range=shear_range,
                zoom_range=zoom_range,
                dim_ordering=dim_ordering)

    # バリデーションデータを拡張
    print('\n# validation data augmentation')
    dpath_img_in = os.path.join(dpath_data, 'valid')
    dpath_mask_in = os.path.join(dpath_data, 'valid_mask')

    dpath_img_out = dpath_img_in + dname_out_suffix
    dpath_mask_out = dpath_mask_in + dname_out_suffix

    if not os.path.isdir(dpath_img_out):
        os.mkdir(dpath_img_out)
    if not os.path.isdir(dpath_mask_out):
        os.mkdir(dpath_mask_out)

    augment_img_pairs(dpath_img_in, dpath_mask_in,
                dpath_img_out, dpath_mask_out,
                target_size,
                grayscale_x=False, grayscale_y=True,
                nb_times=nb_times,
                rotation_range=rotation_range,
                width_shift_range=width_shift_range,
                height_shift_range=height_shift_range,
                shear_range=shear_range,
                zoom_range=zoom_range,
                dim_ordering=dim_ordering)
```

fcn.py（リスト 5.5-5.7）

```python
#!/usr/bin/env python
# -*- coding: utf-8 -*-
from __future__ import print_function
import argparse
import os

import numpy as np
np.random.seed(2016)
from keras import backend as K
from keras.callbacks import ModelCheckpoint
from keras.models import Model
from keras.layers import Input
from keras.layers import Convolution2D, MaxPooling2D, UpSampling2D
from keras.layers import merge
from keras.optimizers import Adam
from keras.preprocessing.image import list_pictures, array_to_img

from image_ext import list_pictures_in_multidir, load_imgs_asarray


def create_fcn(input_size):
    inputs = Input((3, input_size[1], input_size[0]))

    conv1 = Convolution2D(32, 3, 3, activation='relu',
        border_mode='same')(inputs)
    conv1 = Convolution2D(32, 3, 3, activation='relu',
        border_mode='same')(conv1)
```

```
pool1 = MaxPooling2D(pool_size=(2, 2))(conv1)

conv2 = Convolution2D(64, 3, 3, activation='relu',
    border_mode='same')(pool1)
conv2 = Convolution2D(64, 3, 3, activation='relu',
    border_mode='same')(conv2)
pool2 = MaxPooling2D(pool_size=(2, 2))(conv2)

conv3 = Convolution2D(128, 3, 3, activation='relu',
    border_mode='same')(pool2)
conv3 = Convolution2D(128, 3, 3, activation='relu',
    border_mode='same')(conv3)
pool3 = MaxPooling2D(pool_size=(2, 2))(conv3)

conv4 = Convolution2D(256, 3, 3, activation='relu',
    border_mode='same')(pool3)
conv4 = Convolution2D(256, 3, 3, activation='relu',
    border_mode='same')(conv4)
pool4 = MaxPooling2D(pool_size=(2, 2))(conv4)

conv5 = Convolution2D(512, 3, 3, activation='relu',
    border_mode='same')(pool4)
conv5 = Convolution2D(512, 3, 3, activation='relu',
    border_mode='same')(conv5)
pool5 = MaxPooling2D(pool_size=(2, 2))(conv5)

conv6 = Convolution2D(1024, 3, 3, activation='relu',
    border_mode='same')(pool5)
conv6 = Convolution2D(1024, 3, 3, activation='relu',
    border_mode='same')(conv6)

up7 = merge([UpSampling2D(size=(2, 2))(conv6), conv5],
    mode='concat', concat_axis=1)
conv7 = Convolution2D(512, 3, 3, activation='relu',
    border_mode='same')(up7)
conv7 = Convolution2D(512, 3, 3, activation='relu',
    border_mode='same')(conv7)

up8 = merge([UpSampling2D(size=(2, 2))(conv7), conv4],
    mode='concat', concat_axis=1)
conv8 = Convolution2D(256, 3, 3, activation='relu',
    border_mode='same')(up8)
conv8 = Convolution2D(256, 3, 3, activation='relu',
    border_mode='same')(conv8)

up9 = merge([UpSampling2D(size=(2, 2))(conv8), conv3],
    mode='concat', concat_axis=1)
conv9 = Convolution2D(128, 3, 3, activation='relu',
    border_mode='same')(up9)
conv9 = Convolution2D(128, 3, 3, activation='relu',
    border_mode='same')(conv9)

up10 = merge([UpSampling2D(size=(2, 2))(conv9), conv2],
    mode='concat', concat_axis=1)
conv10 = Convolution2D(64, 3, 3, activation='relu',
    border_mode='same')(up10)
conv10 = Convolution2D(64, 3, 3, activation='relu',
    border_mode='same')(conv10)
```

```python
    up11 = merge([UpSampling2D(size=(2, 2))(conv10), conv1],
        mode='concat', concat_axis=1)
    conv11 = Convolution2D(32, 3, 3, activation='relu',
        border_mode='same')(up11)
    conv11 = Convolution2D(32, 3, 3, activation='relu',
        border_mode='same')(conv11)

    conv12 = Convolution2D(1, 1, 1, activation='sigmoid')(conv11)

    fcn = Model(input=inputs, output=conv12)

    return fcn

def dice_coef(y_true, y_pred):
    y_true = K.flatten(y_true)
    y_pred = K.flatten(y_pred)
    intersection = K.sum(y_true * y_pred)
    return (2.*intersection + 1) / (K.sum(y_true) + K.sum(y_pred) + 1)

def dice_coef_loss(y_true, y_pred):
    return -dice_coef(y_true, y_pred)

if __name__ == '__main__':
    # コマンドライン引数を解析
    parser = argparse.ArgumentParser('Train/Test FCN with Keras.')
    parser.add_argument('mode', choices=['train', 'test'],
            help='run mode', metavar='MODE')
    parser.add_argument('--weights', default='',
            help='path to a weights file')
    args = parser.parse_args()

    # オプション
    target_size = (224, 224)
    dname_checkpoints = 'checkpoints'
    dname_outputs = 'outputs'
    fname_architecture = 'architecture.json'
    fname_weights = "model_weights_{epoch:02d}.h5"
    fname_stats = 'stats.npz'
    dim_ordering = 'th'

    # データディレクトリーのパスを取得
    fpath_this = os.path.realpath(__file__)
    dpath_this = os.path.dirname(fpath_this)
    dpath_data = os.path.join(dpath_this, 'data')

    if args.mode == 'train': # トレーニング
        # データを配列として取得
        print('loading data...')
        dpaths_xs_train = [os.path.join(dpath_data, 'train'),
                os.path.join(dpath_data, 'train-aug')]
        dpaths_ys_train = [os.path.join(dpath_data, 'train_mask'),
                os.path.join(dpath_data, 'train_mask-aug')]
        dpaths_xs_valid = [os.path.join(dpath_data, 'valid'),
                os.path.join(dpath_data, 'valid-aug')]
        dpaths_ys_valid = [os.path.join(dpath_data, 'valid_mask'),
                os.path.join(dpath_data, 'valid_mask-aug')]
```

```python
fpaths_xs_train = list_pictures_in_multidir(dpaths_xs_train)
fpaths_ys_train = list_pictures_in_multidir(dpaths_ys_train)
fpaths_xs_valid = list_pictures_in_multidir(dpaths_xs_valid)
fpaths_ys_valid = list_pictures_in_multidir(dpaths_ys_valid)

fpaths_xs_train = sorted(fpaths_xs_train)
fpaths_ys_train = sorted(fpaths_ys_train)
fpaths_xs_valid = sorted(fpaths_xs_valid)
fpaths_ys_valid = sorted(fpaths_ys_valid)

X_train = load_imgs_asarray(fpaths_xs_train, grayscale=False,
            target_size=target_size,
            dim_ordering=dim_ordering)
Y_train = load_imgs_asarray(fpaths_ys_train, grayscale=True,
            target_size=target_size,
            dim_ordering=dim_ordering)
X_valid = load_imgs_asarray(fpaths_xs_valid, grayscale=False,
            target_size=target_size,
            dim_ordering=dim_ordering)
Y_valid = load_imgs_asarray(fpaths_ys_valid, grayscale=True,
            target_size=target_size,
            dim_ordering=dim_ordering)
print('==> ' + str(len(X_train)) + ' training images loaded')
print('==> ' + str(len(Y_train)) + ' training masks loaded')
print('==> ' + str(len(X_valid)) + ' validation images loaded')
print('==> ' + str(len(Y_valid)) + ' validation masks loaded')

# 前処理
print('computing mean and standard deviation...')
mean = np.mean(X_train, axis=(0, 2, 3))
std = np.std(X_train, axis=(0, 2, 3))
print('==> mean: ' + str(mean))
print('==> std : ' + str(std))

print('saving mean and standard deviation to ' +
    fname_stats + '...')
stats = {'mean': mean, 'std': std}
np.savez(fname_stats, **stats)
print('==> done')

print('globally normalizing data...')
for i in range(3):
  X_train[:, i] = (X_train[:, i] - mean[i]) / std[i]
  X_valid[:, i] = (X_valid[:, i] - mean[i]) / std[i]
Y_train /= 255
Y_valid /= 255
print('==> done')

# モデルを作成
print('creating model...')
model = create_fcn(target_size)
model.summary()

# 損失関数, 最適化手法を定義
adam = Adam(lr=1e-5)
model.compile(optimizer=adam, loss=dice_coef_loss,
    metrics=[dice_coef])
```

```python
# 構造・重みを保存するディレクトリーの有無を確認
dpath_checkpoints = os.path.join(dpath_this, dname_checkpoints)
if not os.path.isdir(dpath_checkpoints):
    os.mkdir(dpath_checkpoints)

# モデルの構造を保存
json_string = model.to_json()
fpath_architecture = os.path.join(dpath_checkpoints,
    fname_architecture)
with open(fpath_architecture, 'wb') as f:
    f.write(json_string)

# 重みを保存するためのオブジェクトを用意
fpath_weights = os.path.join(dpath_checkpoints, fname_weights)
checkpointer = ModelCheckpoint(filepath=fpath_weights,
               save_best_only=False)

# トレーニングを開始
print('start training...')
model.fit(X_train, Y_train, batch_size=32, nb_epoch=20, verbose=1,
      shuffle=True, validation_data=(X_valid, Y_valid),
      callbacks=[checkpointer])

else: # test
    # コマンドライン引数の正否をチェック
    assert(os.path.isfile(args.weights))

    # データを配列として取得
    print('loading data...')
    dpath_xs_test = os.path.join(dpath_data, 'test')
    fpaths_xs_test = list_pictures(dpath_xs_test)
    fnames_xs_test = [os.path.basename(fpath) for fpath in
        fpaths_xs_test]
    X_test = load_imgs_asarray(fpaths_xs_test, grayscale=False,
                   target_size=target_size,
                   dim_ordering=dim_ordering)
    print('==> ' + str(len(X_test)) + ' test images loaded')

    # トレーニング時に計算した平均・標準偏差をロード
    print('loading mean and standard deviation from ' +
        fname_stats + '...')
    stats = np.load(fname_stats)
    mean = stats['mean']
    std = stats['std']
    print('==> mean: ' + str(mean))
    print('==> std : ' + str(std))

    print('globally normalizing data...')
    for i in range(3):
        X_test[:, i] = (X_test[:, i] - mean[i]) / std[i]
    print('==> done')

    # モデルを作成
    # (model_from_json()を使って保存してある構造を読み込むことも可能)
    print('creating model...')
    model = create_fcn(target_size)
    model.summary()
```

```python
    # 学習済みの重みをロード
    fpath_weights = os.path.realpath(args.weights)
    print('loading weights from ' + fpath_weights)
    model.load_weights(fpath_weights)
    print('==> done')

    # テストを開始
    outputs = model.predict(X_test)

    # 出力を画像として保存
    dpath_outputs = os.path.join(dpath_this, dname_outputs)
    if not os.path.isdir(dpath_outputs):
        os.mkdir(dpath_outputs)

    print('saving outputs as images...')
    for i, array in enumerate(outputs):
        array = np.where(array > 0.5, 1, 0)  # 二値に変換
        array = array.astype(np.float32)
        img_out = array_to_img(array, dim_ordering)
        fpath_out = os.path.join(dpath_outputs, fnames_xs_test[i])
        img_out.save(fpath_out)
    print('==> done')
```

第6章
agent.py（リスト 6.1-6.4）

```python
#!/usr/bin/env python
# -*- coding: utf-8 -*-
from __future__ import print_function
import argparse
import copy

import numpy as np
np.random.seed(0)
import chainer
import chainer.functions as F
import chainer.links as L
from chainer import cuda
from chainer import optimizers
from rlglue.agent.Agent import Agent
from rlglue.agent import AgentLoader as AgentLoader
from rlglue.types import Action
from rlglue.types import Observation
from rlglue.utils import TaskSpecVRLGLUE3


class QNet(chainer.Chain):

    def __init__(self, n_in, n_units, n_out):
        super(QNet, self).__init__(
            l1=L.Linear(n_in, n_units),
            l2=L.Linear(n_units, n_units),
            l3=L.Linear(n_units, n_out),
        )
```

```python
    def value(self, x):
        h = F.relu(self.l1(x))
        h = F.relu(self.l2(h))
        return self.l3(h)

    def __call__(self, s_data, a_data, y_data):
        self.loss = None

        s = chainer.Variable(self.xp.asarray(s_data))
        Q = self.value(s)

        Q_data = copy.deepcopy(Q.data)

        if type(Q_data).__module__ != np.__name__:
            Q_data = self.xp.asnumpy(Q_data)

        t_data = copy.deepcopy(Q_data)
        for i in range(len(y_data)):
            t_data[i, a_data[i]] = y_data[i]

        t = chainer.Variable(self.xp.asarray(t_data))
        self.loss = F.mean_squared_error(Q, t)

        print('Loss:', self.loss.data)

        return self.loss

# エージェントクラス
class MarubatsuAgent(Agent):

    # エージェントの初期化
    # 学習の内容を定義する
    def __init__(self, gpu):
        # 盤の情報
        self.n_rows = 3
        self.n_cols = self.n_rows

        # 学習のInputサイズ
        self.dim = self.n_rows * self.n_cols
        self.bdim = self.dim * 2

        self.gpu = gpu

        # 学習を開始させるステップ数
        self.learn_start = 5 * 10**3

        # 保持するデータ数
        self.capacity = 1 * 10**4

        # eps = ランダムに○を決定する確率
        self.eps_start = 1.0
        self.eps_end = 0.001
        self.eps = self.eps_start

        # 学習時にさかのぼるAction数
        self.n_frames = 3
```

```python
        # 一度の学習で使用するデータサイズ
        self.batch_size = 32

        self.replay_mem = []
        self.last_state = None
        self.last_action = None
        self.reward = None
        self.state =
            np.zeros((1, self.n_frames, self.bdim)).astype(np.float32)

        self.step_counter = 0

        self.update_freq = 1 * 10**4

        self.r_win = 1.0
        self.r_draw = -0.5
        self.r_lose = -1.0

        self.frozen = False

        self.win_or_draw = 0
        self.stop_learning = 200

    # ゲーム情報の初期化
    def agent_init(self, task_spec_str):
        task_spec = TaskSpecVRLGLUE3.TaskSpecParser(task_spec_str)

        if not task_spec.valid:
            raise ValueError(
                'Task spec could not be parsed: {}'.format(task_spec_str))

        self.gamma = task_spec.getDiscountFactor()
        self.Q = QNet(self.bdim*self.n_frames, 30, self.dim)

        if self.gpu >= 0:
            cuda.get_device(self.gpu).use()
            self.Q.to_gpu()
        self.xp = np if self.gpu < 0 else cuda.cupy

        self.targetQ = copy.deepcopy(self.Q)

        self.optimizer = optimizers.RMSpropGraves(lr=0.00025, alpha=0.95,
                            momentum=0.0)
        self.optimizer.setup(self.Q)

    # environment.py env_startの次に呼び出される。
    # 1手目の○を決定し、返す
    def agent_start(self, observation):
        # stepを1増やす
        self.step_counter += 1

        # observationを[0-2]の9ユニットから[0-1]の18ユニットに変換する
        self.update_state(observation)

        self.update_targetQ()

        # ○の場所を決定する
        int_action = self.select_int_action()
        action = Action()
```

```python
        action.intArray = [int_action]

        # eps を更新する。epsはランダムに○を打つ確率
        self.update_eps()

        # state = 盤の状態 と action = ○を打つ場所 を退避する
        self.last_state = copy.deepcopy(self.state)
        self.last_action = copy.deepcopy(int_action)

        return action

    # エージェントの二手目以降、ゲームが終わるまで
    def agent_step(self, reward, observation):
        # ステップを1増加
        self.step_counter += 1

        self.update_state(observation)
        self.update_targetQ()

        # ○の場所を決定
        int_action = self.select_int_action()
        action = Action()
        action.intArray = [int_action]
        self.reward = reward

        # epsを更新
        self.update_eps()

        # データを保存 (状態、アクション、報酬、結果)
        self.store_transition(terminal=False)

        if not self.frozen:
            # 学習実行
            if self.step_counter > self.learn_start:
                self.replay_experience()

        self.last_state = copy.deepcopy(self.state)
        self.last_action = copy.deepcopy(int_action)

        # ○の位置をエージェントへ渡す
        return action

    # ゲームが終了した時点で呼ばれる
    def agent_end(self, reward):
        # 環境から受け取った報酬
        self.reward = reward

        if not self.frozen:
            if self.reward >= self.r_draw:
                self.win_or_draw += 1
            else:
                self.win_or_draw = 0

            if self.win_or_draw == self.stop_learning:
                self.frozen = True
                f = open('result.txt', 'a')
                f.writelines('Agent frozen\n')
                f.close()
```

```python
        # データを保存 (状態、アクション、報酬、結果)
        self.store_transition(terminal=True)

        if not self.frozen:
            # 学習実行
            if self.step_counter > self.learn_start:
                self.replay_experience()
    def agent_cleanup(self):
        pass

    def agent_message(self, message):
        pass

    def update_state(self, observation=None):
        if observation is None:
            frame = np.zeros(1, 1, self.bdim).astype(np.float32)
        else:
            observation_binArray = []

            for int_observation in observation.intArray:
                bin_observation = '{0:02b}'.format(int_observation)
                observation_binArray.append(int(bin_observation[0]))
                observation_binArray.append(int(bin_observation[1]))

            frame = (np.asarray(observation_binArray).astype(np.float32)
                                .reshape(1, 1, -1))
        self.state = np.hstack((self.state[:, 1:], frame))

    def update_eps(self):
        if self.step_counter > self.learn_start:
            if len(self.replay_mem) < self.capacity:
                self.eps -= ((self.eps_start - self.eps_end) /
                        (self.capacity - self.learn_start + 1))

    def update_targetQ(self):
        if self.step_counter % self.update_freq == 0:
            self.targetQ = copy.deepcopy(self.Q)

    def select_int_action(self):
        free = []
        bits = self.state[0, -1]

        for i in range(0, len(bits), 2):
            if bits[i] == 0 and bits[i+1] == 0:
                free.append(int(i / 2))

        s = chainer.Variable(self.xp.asarray(self.state))
        Q = self.Q.value(s)

        # Follow the epsilon greedy strategy
        if np.random.rand() < self.eps:
            int_action = free[np.random.randint(len(free))]
        else:
            Qdata = Q.data[0]

            if type(Qdata).__module__ != np.__name__:
                Qdata = self.xp.asnumpy(Qdata)
```

```python
      for i in np.argsort(-Qdata):
        if i in free:
          int_action = i
          break

    return int_action

  def store_transition(self, terminal=False):
    if len(self.replay_mem) < self.capacity:
      self.replay_mem.append(
        (self.last_state, self.last_action, self.reward,
          self.state, terminal))
    else:
      self.replay_mem = (self.replay_mem[1:] +
        [(self.last_state, self.last_action, self.reward, self.state,
          terminal)])

  def replay_experience(self):
    indices =
        np.random.randint(0, len(self.replay_mem), self.batch_size)
    samples = np.asarray(self.replay_mem)[indices]

    s, a, r, s2, t = [], [], [], [], []

    for sample in samples:
      s.append(sample[0])
      a.append(sample[1])
      r.append(sample[2])
      s2.append(sample[3])
      t.append(sample[4])

    s = np.asarray(s).astype(np.float32)
    a = np.asarray(a).astype(np.int32)
    r = np.asarray(r).astype(np.float32)
    s2 = np.asarray(s2).astype(np.float32)
    t = np.asarray(t).astype(np.float32)

    s2 = chainer.Variable(self.xp.asarray(s2))
    Q = self.targetQ.value(s2)
    Q_data = Q.data

    if type(Q_data).__module__ == np.__name__:
      max_Q_data = np.max(Q_data, axis=1)
    else:
      max_Q_data = np.max(self.xp.asnumpy(Q_data).astype(np.float32),
          axis=1)

    t = np.sign(r) + (1 - t)*self.gamma*max_Q_data

    self.optimizer.update(self.Q, s, a, t)


if __name__ == '__main__':
  parser = argparse.ArgumentParser(description='Deep Q-Learning')
  parser.add_argument('--gpu', '-g', default=-1, type=int,
            help='GPU ID (negative value indicates CPU)')
  args = parser.parse_args()

  AgentLoader.loadAgent(MarubatsuAgent(args.gpu))
```

参考文献

本書の執筆にあたり、特に以下の文献を参考にさせていただきました。
ここに御礼申し上げます。

[1] 岡谷 貴之（2015）『深層学習』講談社
[2] 小高 知宏（2016）『機械学習と深層学習』オーム社
[3] 人工知能学会（2015）『深層学習』近代科学社
[4] 山下 隆義（2016）『ディープラーニング』講談社
[5] 中山 英樹（2015）『深層畳み込みニューラルネットワークによる画像特徴抽出と転移学習』http://www.nlab.ci.i.u-tokyo.ac.jp/pdf/CNN_survey.pdf
[6] Stanford University "Feature extraction using convolution" http://deeplearning.stanford.edu/wiki/index.php/Feature_extraction_using_convolution
[7] Stanford University "Backpropagation Algorithm" http://ufldl.stanford.edu/wiki/index.php/Backpropagation_Algorithm
[8] Jason Cong and Bingjun Xiao "Minimizing Computation in Convolutional Neural Networks" http://cadlab.cs.ucla.edu/~bjxiao/release/CNN_ICANN14.pdf
[9] Hado van Hasselt, Arthur Guez, David S（2015）"Deep Reinforcement Learning with Double Q-learning" https://arxiv.org/abs/1509.06461
[10] Diederik P. Kingma, Danilo J.Rezende（他）（2014）"Semi-Supervised Learning with Deep Generative Models" https://arxiv.org/abs/1406.5298
[11] Diederik P. Kingma, Jimmy Ba（2014）"Adam: A Method for Stochastic Optimization" https://arxiv.org/abs/1412.6980
[12] David H. Wolpert（1992）"Stacked Generalization" Neural Networks, 5:241-259 http://www.machine-learning.martinsewell.com/ensembles/stacking/Wolpert1992.pdf
[13] Emmanuelle Gouillart（著）、打田 旭宏（訳）「3.3 Scikit-image：画像処理」http://www.turbare.net/transl/scipy-lecture-notes/packages/scikit-image/index.html
[14] Sander Dieleman（2015）"Classifying plankton with deep neural networks" http://benanne.github.io/2015/03/17/plankton.html
[15] Sander Dieleman（2015）"kaggle-ndsb" https://github.com/benanne/kaggle-

ndsb
- [16] Joseph Chet Redmon "YOLO: Real-Time Object Detection" http://pjreddie.com/darknet/yolo/
- [17] Guanghan Ning (2015) "Start Training YOLO with Our Own Data" http://guanghan.info/blog/en/my-works/train-yolo/
- [18] Rui Zhang (2016) "Darknet (fork repository)" https://github.com/frankzhangrui/Darknet-Yolo
- [19] Karen Simonyan, Andrew Zisserman (2014) "Very Deep Convolutional Networks for Large-Scale Image Recognition" https://arxiv.org/abs/1409.1556
- [20] Lorenzo Baraldi (2015) "VGG model for Keras" https://gist.github.com/baraldilorenzo/07d7802847aaad0a35d3
- [21] Kaiming He (他) (2015) "Deep Residual Learning for Image Recognition" https://arxiv.org/abs/1512.03385
- [22] Facebook (2016) "ResNet training in Torch" https://github.com/facebook/fb.resnet.torch
- [23] Roberto Ierusalimschy (2003) "Programming in Lua" https://www.lua.org/pil/contents.html
- [24] Ching-Wei Wang (2015) "Challenge #2: Computer-Automated Detection of Caries in Bitewing Radiography, Grand Challenges in Dental X-ray Image Analysis" http://www-o.ntust.edu.tw/~cweiwang/ISBI2015/challenge2/
- [25] Carlos Ortiz de Solórzano Cell Tracking Challenge (Third Edition)" http://www.codesolorzano.com/celltrackingchallenge/Cell_Tracking_Challenge/Welcome.html
- [26] Olaf Ronneberger (2015) "U-Net: Convolutional Networks for Biomedical Image Segmentation" http://lmb.informatik.uni-freiburg.de/people/ronneber/u-net/
- [27] Olaf Ronneberger, Philipp Fischer and Thomas Brox (2015) "U-Net: Convolutional Networks for Biomedical Image Segmentation" https://arxiv.org/abs/1505.04597
- [28] Marko Jocić (2016) "Deep Learning Tutorial for Kaggle Ultrasound Nerve Segmentation competition, using Keras" https://github.com/jocicmarko/ultrasound-nerve-segmentation
- [29] Volodymyr Mnih, Koray Kavukcuoglu (他) (2013) "Playing Atari with Deep Reinforcement Learning" https://arxiv.org/abs/1312.5602
- [30] Volodymyr Mnih, Koray Kavukcuoglu (他) (2015) "Human-level control through deep reinforcement learning" http://home.uchicago.edu/~arij/journalclub/papers/2015_Mnih_et_al.pdf
- [31] 吉田 尚人 (2015) "DQN-chainer" https://github.com/ugo-nama-kun/DQN-chainer
- [32] Brian Tanner and Adam White (2009) "RL-Glue: Language-Independent

Software for Reinforcement-Learning Experiments" Journal of Machine Learning Research, 10(Sep):2133--2136 http://www.jmlr.org/papers/v10/tanner09a.html
[33] Frank Seide, Gang Li and Dong Yu (2011) "Conversational Speech Transcription Using Context-Dependent Deep Neural Networks" Interspeech 2011 https://www.microsoft.com/en-us/research/publication/conversational-speech-transcription-using-context-dependent-deep-neural-networks/
[34] Alex Krizhevsky, Ilya Sutskever and Geoffrey E. Hinton (2012) "ImageNet Classification with Deep Convolutional Neural Networks" NIPS 2012 https://papers.nips.cc/paper/4824-imagenet-classification-with-deep-
[35] Fei-Fei Li, Andrej Karpathy and Justin Johnson (2016) "Lecture 7: Convolutional Neural Networks" http://cs231n.stanford.edu/slides/winter1516_lecture7.pdf
[36] L. Fei-Fei, R. Fergus and P. Perona (2004) "Learning generative visual models from few training examples: an incremental Bayesian approach tested on 101 object categories" CVPR 2004 https://www.vision.caltech.edu/Image_Datasets/Caltech101/
[37] Clement Farabet (2012) "csvigo: a package to handle CSV files (read and write)" https://github.com/clementfarabet/lua---csv
[38] VGG "Department of Engineering Science, University of Oxford " http://www.robots.ox.ac.uk/~vgg
[39] Continuum Analytics "Conda documentation" http://conda.pydata.org/
[40] Scikit-image team "scikit-image docs" http://scikit-image.org/docs/stable/
[41] Stanford Vision Lab, Stanford University "ImageNet" http://image-net.org/
[42] University of Oxford "The PASCAL Visual Object Classes" http://host.robots.ox.ac.uk/pascal/VOC/
[43] Wiki "Comparison of deep learning software" https://en.wikipedia.org/wiki/Comparison_of_deep_learning_software
[44] Stanford University "Neural Network Vectorization" http://ufldl.stanford.edu/wiki/index.php/Neural_Network_Vectorization
[45] Sudeep Raja "A Derivation of Backpropagation in Matrix Form" https://sudeepraja.github.io/Neural/

索引

[ギリシャ文字]
ε-グリーディ法 188

[A]
accuracy 68
AdaGrad 77
Adam 77, 177
AlexNet 3
AlphaGo 4
Anaconda 14, 31

[B]
BBox-Label-Tool 157, 212

[C]
Caltech 101 .... 7, 85
Chainer 9, 198
CNN 40
Codec 199
conv 40
cross-validation 69
CUDA 14, 24
cuDNN 14, 27

[D]
Darknet 150
Dice 係数 172
DQN 193

[E]
Experience Replay 193, 202
experiment 195

[F]
fc 39

Fine-tuning 75, 115
Fully convolutional network 169

[G]
Generative Models 136
Global contrast normalization 96
GoogLeNet 3
GPU 10
Graph-based SSL 136

[H]
hard-target 145

[I]
ILSVRC 3
ImageNet 5
IOU 153

[K]
Keras 9, 94
K 分割交差検証 69

[L]
Leaky ReLU 53
loss 54
Lp プーリング 45

[N]
Nesterov momentum 64
NumPy 86

[O]
one-hot データ 96

索引

[Q]
Q-Network ... 193
Q 学習 ... 186
Q 値 ... 186

[R]
R-CNN ... 151
ReLU ... 53, 113
ResNet ... 3, 122
ResNet-152 ... 122
RL-Glue ... 195, 199
RMSProp ... 77

[S]
Self Training ... 136, 139, 145
SGD ... 57
shortcut connection ... 122
soft-target ... 145
Stacked Generalization ... 140, 144

[T]
tanh 関数 ... 53
Target Network ... 193
Theano ... 8
Torch ... 8, 125
training loss ... 68

[U]
Ubuntu ... 14
U-Net ... 171
U 字型ネットワーク ... 168

[V]
validation accuracy ... 68
validation loss ... 68
VGG ... 3
VGG-16 ... 114, 120
VGG-19 ... 121

[Y]
Yolo ... 150

[あ]
アップサンプリング層 ... 45

エージェント ... 194
エピソード ... 196
エポック ... 49

重み ... 38, 42
重み減衰 ... 70

[か]
過学習 ... 67
学習 ... 38, 48
学習係数 ... 57
学習係数の減衰 ... 76
学習係数の減衰率 ... 77
学習済みモデル ... 6, 74
学習率減衰 ... 76
確率的勾配降下法 ... 57
隠れ層 ... 38
過剰適合 ... 67
活性化関数 ... 52
環境 ... 194

擬似ラベル ... 139
逆伝播 ... 66
強化学習 ... 186
教師あり学習 ... 136
教師データ ... 48
教師なし学習 ... 136

クラス分類 ... 2
クロスエントロピー ... 55

恒等写像 ... 52
勾配 ... 57
勾配消失問題 ... 112
候補領域 ... 151
誤差 ... 48, 54
誤差逆伝播法 ... 65
誤差信号 ... 60, 65

[さ]
最大値プーリング ... 45

シグモイド関数 ... 52
事前学習 ... 112
出力層 ... 38
順伝播 ... 38
順伝播型ネットワーク ... 38
深層学習 ... 2

推測 ... 38, 48
ステップ ... 196
ストライド ... 44

正解率 ... 68
正則化 ... 70
制約ボルツマンマシン ... 112
ゼロパディング ... 42
全結合 ... 39
全結合層 ... 39
全結合ニューラルネットワーク ... 39
全体の誤差 ... 54

ソフトマックス関数 ... 53
損失関数 ... 48, 54

[た]
多層パーセプトロン ... 38
畳み込み層 ... 40
畳み込みニューラルネットワーク ... 40

チャネル数 ... 42

ディープラーニング ... 2
データ拡張 ... 72, 90
データの正則化 ... 73
テストデータセット ... 49
転移学習 ... 74, 115

特徴抽出器 ... 74
特徴マップ ... 41

トレーニング ... 38
トレーニングデータセット ... 49
ドロップアウト ... 71

[な]
二乗誤差 ... 54
二値クロスエントロピー ... 56
ニューラルネットワーク ... 38
入力層 ... 38

[は]
バイアス ... 51
バッチ学習 ... 49
バッチサイズ ... 49
汎化性能 ... 138
半教師あり学習 ... 136

フィルター ... 41
プーリング層 ... 40, 44
複数モデル ... 138
物体検出 ... 150

平均値プーリング ... 45

報酬 ... 186
ホールドアウト検証 ... 70

[ま]
前処理 ... 73, 96

ミニバッチ学習 ... 49

モデル平均 ... 138
モメンタム ... 63

[ら]
ラベル ... 48

ロス ... 54

〈監修者略歴〉
株式会社フォワードネットワーク
2004年4月設立。ビッグデータの蓄積・解析業務を中核とし、ウェブサイトの応答レスポンスやセキュリティ等の品質向上の支援を行う。2015年4月より、「センサー」「Android端末」「Hadoop」を組み合わせることで、センサーデータの収集から解析までをトータルにカバーした『IoTセンサー解析ベースシステム』の提供を開始。

- URL http://www.fward.net/
- 主サービス

    Hadoop関連システム構築／WEBサイトの速度・脆弱性等の品質向上支援／ビッグデータ・非構造化データの蓄積・解析／各種統計解析（基本統計、検定、多変量解析、機械学習、ベイズ統計）／業務アプリケーション開発・保守

- ビッグデータ関連資格

    Cloudera Apache Hadoop認定開発者（CCDH）
    Cloudera Apache Hadoop認定管理者（CCAH）

〈著者略歴〉
藤田 一弥（ふじた かずや）
新潟県に生まれ、新潟大学教育学部数学科卒業後、新潟県公立中学校数学教員。その後、IT系システム会社に勤務し、Webシステムの開発、および官公庁等の統計業務等に従事。
2004年に株式会社フォワードネットワークを設立。代表取締役。

高原 歩（たかはら あゆむ）
横浜商科大学商学部を卒業後、大手IT会社を経て株式会社フォワードネットワークに入社。Hadoop認定開発者（CCDH）、Hadoop認定管理者（CCAH）等の資格を保持し、ビッグデータ解析等の業務に従事。

- 本書の内容に関する質問は、オーム社書籍編集局「(書名を明記)」係宛に、書状またはFAX(03-3293-2824)、E-mail (shoseki@ohmsha.co.jp) にてお願いします。お受けできる質問は本書で紹介した内容に限らせていただきます。なお、電話での質問にはお答えできませんので、あらかじめご了承ください。
- 万一、落丁・乱丁の場合は、送料当社負担でお取替えいたします。当社販売課宛にお送りください。
- 本書の一部の複写複製を希望される場合は、本書扉裏を参照してください。

JCOPY <(社)出版者著作権管理機構 委託出版物>

実装 ディープラーニング

平成 28 年 11 月 30 日　　第 1 版第 1 刷発行
平成 30 年 4 月 25 日　　第 1 版第 3 刷発行

監 修 者　株式会社フォワードネットワーク
著　者　　藤田一弥
　　　　　高原　歩
発 行 者　村上和夫
発 行 所　株式会社オーム社
　　　　　郵便番号　101-8460
　　　　　東京都千代田区神田錦町 3-1
　　　　　電話 03(3233)0641(代表)
　　　　　URL http://www.ohmsha.co.jp/

© 藤田一弥・高原 歩 2016

組版　チューリング　　印刷・製本　壮光舎印刷
ISBN978-4-274-21999-3　Printed in Japan

オーム社の深層学習シリーズ

Chainer による実践深層学習
Deep Learning with Chainer

新納 浩幸 [著]
A5判／並製／192ページ／定価(本体2,400円+税)

Deep Learning のフレームワークである Chainer を使って、複雑なニューラルネットワークの実装方法を解説!!

　Chainer は 2015 年に Preferred Infrastructure が Python のライブラリとして開発・公開したフレームワークです。
　本書は、Python の拡張モジュールである NumPy の使い方やニューラルネットワークの基本をおさらいした後に、Chainer の基本的な使い方を示します。次に AutoEncoder を題材にして、それを確認し、最後に、自然言語処理でよく使われる word2vec と RNN（Recurrent Neural Network）を解説し、それらシステムを Chainer で実装します。既存にない複雑なネットワークのプログラムを作る際の参考となるものです。

《このような方にオススメ！》
- Deep Learning を勉強している理科系の大学生
- データ解析を業務としている技術者

機械学習と深層学習
Machine Learning　Deep Learning
《C言語によるシミュレーション》

機械学習の諸分野をわかりやすく解説！

小髙 知宏 [著]
A5判／並製
232ページ
定価(本体2,600円+税)

進化計算と深層学習
Neuro-Evolution　Deep Learning
《創発する知能》

伊庭 斉志 [著]
A5判／並製
192ページ
定価(本体2,700円+税)

進化計算とニューラルネットワークがわかる、話題の深層学習も学べる!!

もっと詳しい情報をお届けできます．
◎書店に商品がない場合または直接ご注文の場合も右記宛にご連絡ください．

ホームページ　http://www.ohmsha.co.jp/
TEL／FAX　TEL.03-3233-0643　FAX.03-3233-3440

(定価は変更される場合があります)　　上記書籍内で取り上げたサンプルプログラムとデータファイルは、オーム社ホームページよりダウンロードできます。